教育部哲学社会科学重大攻关课题攻关项目"中国海洋发展战略研究"
（03JZD0024）结项成果之一
教育部人文社科重点研究基地中国海洋大学海洋发展研究院资助
中澳海岸带管理中心资助

海洋与社会协调发展战略

崔　凤　唐国建　著

海洋出版社

2014 年 · 北京

图书在版编目（CIP）数据

海洋与社会协调发展战略/崔风，唐国建著．—北京：海洋出版社，2014.12
ISBN 978 - 7 - 5027 - 9018 - 9

Ⅰ．①海…　Ⅱ．①崔…②唐…　Ⅲ．①海洋开发 – 关系 – 社会发展 – 协调发展 – 研究 –
中国　Ⅳ．①P74

中国版本图书馆 CIP 数据核字（2014）第 293277 号

责任编辑：任　玲　杨传霞
责任印制：赵麟苏

海洋出版社　出版发行

http://www.oceanpress.com.cn

北京市海淀区大慧寺路 8 号　邮编：100081
北京华正印刷有限公司印刷　新华书店北京发行所经销
2014 年 12 月第 1 版　2014 年 12 月第 1 次印刷
开本：787 mm×1092 mm　1/16　印张：11.25
字数：235 千字　定价：49.00 元
发行部：62132549　邮购部：68038093　总编室：62114335

海洋版图书印、装错误可随时退换

"中国海洋发展战略研究"（03JZD0024）
结项成果

《中国海洋发展战略的历史与借鉴》　　　田其云 等

《中国海洋管理：运行与变革》　　　　　王　琪 等

《中国海洋法制建设战略研究》　　　　　马英杰 等

《海洋与社会协调发展战略》　　　　　　崔　凤　唐国建

《海洋战略研究文库》总序

收入《海洋战略研究文库》的文稿大都是"中国海洋发展战略研究"大课题的各子课题的研究成果。"中国海洋发展战略研究"是教育部设立的"人文社会科学重大攻关招标课题"（项目批准号：03JZD0024；项目合同号：03JZDH024；批准时间：2003 年 11 月）首批课题之一。

对我国海洋事业的高度责任感促使我毅然承担这个课题。"海洋世纪"应当是海洋对人类的文明进步，对中华民族的繁荣昌盛贡献更加丰盛，作用更加无可替代的世纪，也应当是海洋科学学者、海洋人文社会科学学者为世纪航船规划航路、清理航道、控制航速、确保航行安全的伟大时代。

对我国海洋事业重要性的认识推动我和我的合作者坚定地实施课题研究。寻求民族复兴、实现和平崛起、抓住战略机遇期，这是一幅以海蓝为重要底色的伟大蓝图。《国务院关于国家海洋事业发展规划纲要的批复》（国函〔2008〕9 号）指出："海洋问题事关国家根本利益。发展海洋事业对保障国家安全，缓解资源环境瓶颈制约，拓展发展空间，推动我国经济社会发展意义重大。"这是中央政府的声音，是激荡在新中国上空的如号角一般的声音，对于课题组成员来说是入于耳而铭刻于心的声音。

海洋是流动的，海洋也是历史的，在这个"时空"中展开的发展战略研究注定是一个浩繁的、复杂的、系统的和宏大的工程。空间、资源、主权、通道、环境、国际关系、历史与现状、开发与保护相交织；促进、依赖、竞争、合作多种关系，和平、发展、保护、军事斗争等多个主题，此起彼伏、消长时异。这些都是挑战，从而也就是海洋发展战略研究的重大意义之所在。

"中国海洋发展战略研究"课题的设计领域是全方位的，经济、政治、文化、社会、军事、科技、管理、法制都在规划方案之中，但课题的具体实施是局部的，比如，关于经济、政治、文化、社会的研究，关于军事、科技、管理、法制的研究等。尽管我们力图全面回答我国海洋发展战略的所有问题，但课题的子课题设计及它们自身的规定性、课题的设计条件和课题组实际拥有的条件等，决定了我们的答案又常常陷入局部而难以作全局性超拔。

课题的设计目标是解决中国的问题，中国海洋事业发展中的问题，为了中国海洋事业的发展而提出的问题，而课题的研究是在国际参照系下展开的。《联合国海洋法公约》、《21 世纪议程》等国际法律文件，《日本海洋基本法》、《加拿大海洋法》、《美国海洋行动计划》等国外海洋法律和政策文件，《海权论》、《美国海洋政策》、《海底政治》、《亚太地区的海洋政策》等学术著作既是我们的研究对象，也是我们判断中国海洋事业发展的得失、审验我们提出的或接受的关于中国海洋发展战略的某些结论的依据。

我们的研究工作跨越了好几个年头。这项持续多年的研究工作是在与国家海洋局海洋发展战略研究所、第一海洋研究所、第二海洋究所和第三海洋研究所，中国社会科学院法学研究所，山东省海洋经济研究所，海南南海研究院等研究单位不断交流研究信息，与北京大学、吉林大学、厦门大学、上海交通大学、中国政法大学、东北师范大学、大连海事大学、辽宁师范大学、福建师范大学等高等院校的专家学者不断交流研究心得的过程中展开的，是在有机会学习《中国海洋 21 世纪议程》、《中国海洋政策》、《国家海洋事业发展规划纲要》、《海洋开发战略研究》、《中国海情》、《中国海洋发展报告》、《中国海洋事业发展政策研究》等著作和文件的条件下向前推进的。与其说是课题组完成了这个巨大的课题，毋宁说是课题组在国内许多专家、学者和官员们的支持和帮助下取得了阶段性的胜利。

支持我使用"胜利"这个词的是课题组的团队力量。参与课题策划的庞玉珍、戴桂林、张广海、韩立民等，课题实施过程中我的主要合作者栾维新、季国兴（已故）、傅崑成、刘中民、曲金良、崔凤、王琪、马英杰、田其云等，他们对课题研究倾注了心力，课题成果浸透了他们的智慧。

徐祥民

2014 年 8 月 16 日于青岛海滨寓所

摘 要

本书试图在科学发展观的指导下，综合运用环境社会学和发展社会学的理论与方法，重点分析海洋开发所带来的与社会协调发展不相适应的种种问题及成因，探索性地提出实现海洋与社会协调发展的战略构想。围绕这一研究思路，本书所涉及的海洋与社会协调发展战略研究的基本内容大致包括以下几个部分。

第一，海洋开发与经济社会发展。丰富的海洋资源必然使人类的海洋开发活动产生巨大的经济效益，从而促进社会发展。但海洋开发也必然会导致海洋生态环境破坏等问题的产生，这些问题反过来会阻碍对海洋的深入开发和经济社会的整体发展。

第二，沿海地区人口协调发展。沿海地区经济社会的快速发展会导致人口趋海现象加剧。沿海地区人口密度日益加大，会带来沿海城市住房紧张、生存压力大等一系列的社会问题。如何实现沿海地区的人口协调发展，就成为一大现实难题。

第三，沿海地区城市化的协调发展。人口趋海现象加剧必然导致沿海地区城市化的快速发展。但这种快速的城市化会带来就业压力大、流动人口多、犯罪率上升等一系列社会问题，这就需要制定合理的城市化战略。

第四，海洋产业结构及转型。沿海地区的快速城市化展示的是，以海洋渔业为主的海洋第一产业趋于衰落，而以海洋油气业为代表的海洋第二产业、以海洋交通运输业和滨海旅游业为代表的海洋第三产业得以快速发展。但是，在新旧产业如何交替协调发展方面仍然存在着诸多问题。这些问题的处理对于确保海洋开发与社会协调发展具有重要意义。

第五，沿海地区之间的协调发展以及东部沿海地区与中部、西部地区之间的协调发展。由于各种原因，沿海地区是我国经济发展的重心区，它的发展对全国经济具有举足轻重的作用。但是，在沿海地区内部依然存在着区域发展不平衡的问题。另外，东部沿海地区与中西部地区的差距也在日益拉大。如何发挥沿海地区的辐射作用，缩小沿海地区与中西部地区之间的发展差距，实现区域协调发展，是一个必须重视的问题。

第六，海洋开发与海洋环境保护的协调发展。海洋环境问题主要是人们在开发利用海洋的过程中没有顾及海洋环境的承受能力所导致的一个恶果。保护海洋生态环境和资源，是当代人类面临的重大任务之一。我们需要有科学的政策，正确处理好开发与保护的关系，以便较好地提高我国海洋开发的经济效益、社会效益和环境效益。

"海洋与社会协调发展"是一种整体性发展、可持续发展。任何单一性发展战略都有可能导致整体发展的失衡。海洋环境问题的出现本身就提醒着人们在海洋开发的过程中，必须把握好海洋与社会之间相互制约、相互促进的关系。通过制定包含人口的协调发展、区域之间的互补与平衡发展等总体性的发展战略，实现海洋与社会之间的协调发展。

目　次

第一章　绪论

海洋，在人类社会发展史中占有重要地位，发挥着重大的作用。人类文明的发展进程处处洋溢着海洋的气息，呈现着鲜明的海洋特征。盛极一时的地中海时代，出现了以古希腊、古罗马为代表的"地中海文明"和"地中海繁荣"，成为欧洲文艺复兴运动的重要历史根源。资本主义生产关系的萌芽最早出现于地中海沿岸地区。随着航海技术和造船技术的进步以及指南针的应用，欧洲冒险家开始了对新大陆、新航线的探索，世界的主要商路从地中海转移到了大西洋，使大西洋沿岸地区成为欧洲新的商贸和经济中心。这给欧洲商业贸易带来了空前的繁荣，为欧洲工业革命的兴起创造了充分条件，促进了资本主义生产关系的形成与发展，开创了人类历史上的"大西洋文明"和"大西洋繁荣"。[①]

第一节　研究背景与研究意义

"21 世纪是海洋世纪"，这已经成为全球的共识。当今世界，人口日益增多，资源日趋匮缺，环境正在恶化。在不断增长的生存压力下，沿海国家纷纷加强了对海洋的研究、开发和保护，从而极大地带动了经济与社会的发展，特别是沿海地区的经济与社会的发展。我国是个海洋大国，改革开放以来，海洋经济发展迅速。20 世纪 80 年代，我国海洋经济以年平均 17% 的速度增长；90 年代，则以每年 20% 的高速递增；进入 21 世纪我国海洋经济依然保持了快速的发展势头。国家海洋局发布的《2012 年中国海洋经济统计公报》显示，2012 年全国海洋生产总值 50 087 亿元，比上年增长 7.9%，占国内生产总值的 9.6%。其中，海洋产业增加值 29 397 亿元，海洋相关产业增加值 20 690 亿元。海洋第一产业增加值 2 683 亿元，海洋第二产业增加值 22 982 亿元，海洋第三产业增加值 24 422 亿元。海洋经济三次产业结构比为 5.3:45.9:48.8。2011 年全国涉海就业人员 3 420 万人，其中新增就业 70 万人。与此同时，我国沿海地区在海洋经济的带动下以及依靠独特的地理优势迅速发展起来，成为全国最发达的地区。正是在这样的背景下，党的十八大以及新一届国家领导人提出并不断地深化着"海洋强国"这一符合时代潮流的国家发展战略。

历史与现实都已证明了海洋对人类社会发展的重要性。归纳起来，海洋对促进人类社会发展的作用主要表现在如下几个方面：第一，海洋促进了贸易的发展，加快了世界经济

---

① 王诗成：《龙，将从海上腾飞——21 世纪海洋战略构想》，青岛海洋大学出版社，1997 年，第 1~2 页。

发展的步伐；第二，海洋促进了人类开放性、市场化观念的形成，实现了人类观念的变革；第三，海洋促进了人类科学技术的进步；第四，海洋成为人类可持续发展的重要资源；第五，海洋促进了沿海地区的发展，从而带动了整个社会的发展。

海洋之所以会在人类社会发展进程中占有非常重要的地位，发挥着非常重要的作用，是由于海洋有着其他自然环境与资源所无法替代的优势。因此，我们应该重新认识海洋的价值，重视海洋的作用，突出海洋的地位，即我们要树立正确的海洋观。

为了能够发挥海洋在人类社会发展中的作用，我们除了要树立正确的海洋观外，还要注意海洋与社会的相互联系，注意二者之间的相互影响和相互协调，即要树立正确的海洋社会观。海洋与社会之间是一种互动关系，一方面人类的开发利用活动促使海洋发生了巨大变化，海洋再也不是原先意义上的"完全自然"的海洋，它已深深地打上了人类活动的烙印；另一方面，变化了的海洋也会对人类社会产生重要的影响。只有认识到这一点，即只有树立正确的海洋社会观，才能正确处理海洋与社会之间的关系，才能实现海洋与社会的协调发展，也才能最大限度地发挥海洋在人类社会发展中的作用。

然而，在海洋开发实践过程中，虽然海洋经济取得了令人欣喜的发展，海洋经济在国家经济发展中的重要作用也日益显现，但我们也看到了海洋开发所带来的一系列问题，其中最主要的体现之一就是海洋经济与社会发展的不协调问题，如海洋开发与海洋环境保护之间的关系问题，海洋开发与沿海地区人口和城市发展问题，沿海地区协调发展问题等。这些问题如果不能得到足够的重视和有效解决，不仅会影响海洋经济的可持续发展，而且会激发严重的社会问题，影响社会稳定和社会整体进步。因此，开展海洋与社会协调发展研究是极其必要的，通过这项研究可以揭示海洋开发过程中出现的与社会发展不协调的众多问题，提出解决问题的战略对策，对于推进我国海洋事业的健康快速发展，实现海洋强国目标都具有一定的积极意义。

第二节　研究现状与研究视角

人类已清醒地认识到海洋资源将成为 21 世纪人类生存和发展的重要物质基础，以高科技为主轴的海洋开发可望成为未来人类社会可持续发展的新天地，再次对人类社会发展进程产生重大的影响。在这一背景下，人文社会科学展现了加大海洋研究的发展趋势，许多新的相关分支学科萌生，诸如海洋经济学、海洋政治学、海洋法学、海洋管理学、海洋史学、海洋文化学等。[①] 但是，在这些学科中，并没有关于"海洋与社会协调发展"的研究，只是在海洋经济学、海洋管理学中有一些关于"海洋经济可持续发展"或"海洋开发可持续发展"的研究。在这些研究中，有的学者也提到了"海洋可持续

---

① 杨国桢：《论海洋人文社会科学的概念磨合》，《厦门大学学报（哲学社会科学版）》，2000 年第 1 期。

发展"与"社会"的关系,如有的学者指出:海洋可持续发展包括三层含义:海洋经济的持续性、海洋生态的持续性和海洋社会的持续性。海洋的可持续发展以保证海洋经济发展和资源永续利用为目的,实现海洋经济发展与经济环境相协调,经济、社会、生态效益相统一;海洋开发可持续发展包含保证海洋经济增长的持续性,保持良好海洋生态的持续性和良好的社会持续性。[①] 上述这些观点都是在界定或理解"海洋经济可持续发展"或"海洋开发可持续发展"时提到了"社会的可持续性",但关于"海洋与社会协调发展"的研究并没有展开。可以说,到目前为止,国内关于"海洋与社会协调发展"的研究还是一个空白。

如何进行"海洋与社会协调发展"研究,首先应该确定研究的角度。明确"海洋与社会协调发展"研究的角度,最关键的问题在于如何理解和界定"海洋与社会协调发展"中的"海洋"。此处的"海洋"可以作如下两个方面的理解和界定:第一是指"海洋环境",这是我们最容易想到的,在这里海洋环境是指人类赖以生存和发展的自然环境类型。于是,"海洋与社会协调发展"就可以转换为"海洋环境与社会的协调发展",其内容大致包括海洋环境对社会发展的作用、海洋变化对人类经济社会发展的影响、社会发展(例如,海洋开发)对海洋环境的影响等;第二是指"海洋区域社会",即依赖海洋和深受海洋影响而形成的一个区域性社会。[②] 于是,"海洋与社会协调发展"就转换为"海洋区域社会与社会整体的协调发展",其内容大致包括沿海地区人口发展状况、沿海地区城市化发展状况、沿海地区区域发展状况、沿海地区与非沿海地区的发展状况等。这两个界定为我们开展"海洋与社会协调发展研究"提供了两个视角:源自于第一个界定的环境社会学视角,以及源自于第二个界定的发展社会学视角。

环境社会学是社会学的一门分支学科,主要运用社会学的理论和方法研究环境与社会的相互作用,是社会学与环境科学交叉渗透的产物。对于什么是环境社会学,日本学者饭岛伸子对此有比较详细的论述,她认为:"所谓环境社会学是研究有关包括人类的、自然的、物理的、化学的环境与人类群体、人类社会之间的各种相互关系的学科领域。换句话说,社会的、文化的环境历来是社会学的研究对象,自然的、物理的、化学的环境并不是以往社会学的研究对象,而探讨这两者之间相互作用的学科就是环境社会学。社会学是研究人类的社会行为和结合关系的一门学问。对环境社会学来说,在人类的社会行为波及的

---

① 于谨凯:《我国海洋产业可持续发展研究》,经济科学出版社,2007 年,第 24 页。

② 在国内,已有学者提出了"海洋社会"和"海洋区域社会"的概念,并给予了界定。如杨国桢教授认为,海洋社会是指在直接或间接的各种海洋活动中,人与海洋之间、人与人之间形成的各种关系的组合,包括海洋社会群体、海洋区域社会、海洋国家等不同层次的社会组织及其结构系统;海洋社会群体聚结的地域,如临海港市、岛屿和传统活动的海域,组成海洋区域社会。参见杨国桢:《论海洋人文社会科学的概念磨合》,《厦门大学学报(哲学社会科学版)》,2000 年第 1 期。庞玉珍教授认为,海洋社会是人类缘于海洋、依托海洋而形成的特殊群体,这一群体以其独特的涉海行为、生活方式形成了一个具有特殊结构的地域共同体。参见庞玉珍:《海洋社会学:海洋问题的社会学阐释》,《中国海洋大学学报(社会科学版)》,2004 年第 6 期。

范围内，其研究对象不仅包括人类群体，而且还包括人类社会以外的自然的、物理的、化学的环境。环境社会学正是以研究这种非社会文化环境与人类群体之间的相互作用为宗旨的。"①

根据饭岛伸子的观点，环境社会学中的"环境"是指自然环境。所谓自然环境，是指天然环境（如，自然环境保护区、山脉、河流、气候、土壤、矿藏、海洋等）、生态环境（如，人类、动植物、微生物等）、建筑环境（如，房屋、工厂、高速公路、桥梁、庙宇等）和变态环境（如，被污染的湖泊、被人为破坏的风景区、被风沙侵蚀的农场等）。

环境社会学的研究内容主要包括：① 环境对人类身心健康、生活方式、行为习惯和道德习俗的影响；② 环境与社会组织结构、城市建设、工业布局和发展规划的关系；③ 造成环境污染的原因、条件及环境污染对社会的危害；④ 环境与社会管理、人口控制、生态平衡的关系；⑤ 环境保护、环境质量标准、环境保护法规和政策；⑥ 建筑工程的社会影响评价；⑦ 资源紧缺、环境"超载"对能源配置的影响；⑧ 环保团体、自发组织和政府机构对环境问题的反应。

环境社会学告诉我们：一方面对于人类社会的研究必须考虑自然环境因素。自然环境是社会的构成要素之一，它与人口、文化一起构成了社会。作为人类社会生存和发展的基本条件，自然环境影响和制约着人类的活动、社会的发展。例如，自然环境条件影响人们的职业、生产活动内容、风俗习惯乃至人的素质，影响人类社会的内部构成、社会发展的速度和程度；自然界生态平衡制约着人类的生存。另一方面又必须研究人类社会对环境的能动作用，人们的观念意识、生活方式、生产方式等都会对环境产生直接或间接的影响。当前环境问题的出现正是上述社会因素综合作用的结果。因此，环境社会学的研究旨在找出妥善解决环境与人类关系问题的方案，以促进人类社会的健康发展。

海洋与陆地、大气共同组成了地球的基本环境，有关资料表明，地球表面积为5.1亿平方千米，其中海洋面积为3.61亿平方千米，约占地球表面积的70.8%，其平均深度为3 795米；陆地面积有1.49亿平方千米，约占地球表面积的29.2%。②丰富的资源、广阔的领域和先天的交通区域优势，使得海洋对整个人类的生存和发展具有极其重要的影响。同时，作为人类活动的对象，海洋环境也深受人类社会的生产与生活活动的影响。目前所存在的各种各样的海洋环境问题，如局部海域污染严重、次生灾害增加、部分海洋资源和自然景观受到破坏等，都是人类社会活动影响的结果。

从环境社会学的视角来看，"海洋与社会协调发展"的研究主要关注的应该是海洋与社会之间的互动关系，明确海洋与社会在两者协调发展中的地位和角色。

从另一个视角看就是发展社会学。发展社会学是伴随着第二次世界大战后兴起的

---

① （日）饭岛伸子：《环境社会学》，社会科学文献出版社，1999年，第4页。

② 王诗成：《龙，将从海上腾飞——21世纪海洋战略构想》，青岛海洋大学出版社，1997年，第83页。

"发展研究"而出现的。狭义的发展社会学研究，是以相对贫穷落后的第三世界发展中国家政治、经济、社会、文化的发展问题为对象，主要探讨关于这些国家现代化的理论、模式、战略方针乃至具体政策。广义的发展社会学研究，则是探究社会变迁的一般规律，从全球背景上阐明各地区和各国社会经济发展的历史与现状。早期的发展社会学研究主要注意力在于探讨第三世界发展中国家与发达国家之间的关系，探讨第三世界发展中国家的发展模式，由此形成了"现代化理论"、"依附论"、"世界体系论"三个主要的理论流派。后来，发展社会学致力于一般意义上的发展观、发展模式的研究。其中，在发展观研究方面，突出了"环境"意识，强调保护环境、维持生态平衡、实现环境与社会的协调发展；在发展模式研究方面，强调在结合本地区本国的实际情况的基础上选择适合的发展模式。

发展社会学非常强调全球范围内各地区和各国范围内各区域之间的协调发展，认为缩小区域之间的发展差距、避免区域之间的两极分化、实现区域之间的协调发展是全球和各国实现整体发展的必要前提之一。协调发展理论认为，由于各种因素的综合影响，全球范围内各地区和各国范围内各区域之间的发展是不平衡的，这种不平衡是一种现实存在。不平衡发展是一种常态。任何一个地区或国家都不可能追求实现所谓的平均主义式的区域之间均衡发展，而是在承认不平衡发展前提下实现各区域之间的协调发展，即缩小区域之间的发展差距、避免区域之间的两极分化、实现社会整体的共同发展。

改革开放以来，我国东部沿海地区在政策规划、环境资源、地理优势等因素的综合影响之下迅速发展起来，成为了我国经济社会发展水平最高的地区。占全国国土面积13.4%的沿海地带，承载着全国40.3%的人口、50%的大中城市和60%的国民生产总值。[①] 不仅如此，还带动了我国社会的整体发展。但与此同时，不可否认的是，东部沿海地区的迅速发展拉大了与中西部地区的差距。沿海各区域之间的发展状况也因为历史原因、政策导向等因素而存在着差异。这种差距不仅明显，而且有越来越大的趋势。

海洋环境的独特优势促进了沿海区域社会的发展，但同时也拉大了沿海与其他区域之间的差距。如何实现海洋区域社会的带动作用、缩小海洋区域社会与其他区域之间的差距、实现海洋区域社会与其他区域之间的协调发展、促进社会的整体发展，应该成为发展社会学研究"海洋开发与社会协调发展"的重要课题。

第三节　研究的指导原则

党的十八大在坚持科学发展观的基础上作出了建设"海洋强国"的重大部署。党的十六届三中全会提出了用来指导我国未来发展的科学发展观，即"坚持以人为本，树立全

---

① 杜碧兰：《21 世纪中国面临的海洋环境问题》，《海洋开发与管理》，1999 年第 4 期。

面、协调、可持续的发展观，促进经济社会和人的全面发展"；同时强调"按照统筹城乡发展、统筹区域发展、统筹经济社会发展、统筹人与自然和谐发展、统筹国内发展和对外开放的要求"，推进改革和发展。党的十七大报告对于如何"深入贯彻落实科学发展观"作了明确的部署，指出"在新的发展阶段继续全面建设小康社会、发展中国特色社会主义，必须坚持以邓小平理论和'三个代表'重要思想为指导，深入贯彻落实科学发展观。"党的十七大报告指出："科学发展观，第一要义是发展，核心是以人为本，基本要求是全面协调可持续，根本方法是统筹兼顾。"深入贯彻落实科学发展观，必须坚持把发展作为党执政兴国的第一要务，必须坚持以人为本，必须坚持全面协调可持续发展，必须坚持统筹兼顾。

科学发展观的基本内涵可以归纳为如下几个方面[①]。

第一，坚持以人为本，是科学发展观的核心内容。以人为本，就是要把满足人的全面需求和促进人的全面发展作为经济社会发展的出发点和落脚点，围绕人们的生存、享受和发展的需求，提供充足的文化产品和服务，围绕人的全面发展，推动经济和社会的全面发展。随着经济的发展，社会的进步和生活的改善，人们越来越深刻地认识到，促进经济社会的发展，是财富的积累，更重要的是实现人的全面发展。坚持以人为本，把人的需求和全面发展作为经济发展的起点和归宿，是对人类发展规律认识的一次飞跃，在科学发展观中处于核心的地位。

第二，促进全面发展，是科学发展观的重要内容。全面发展包含着经济发展，也包含社会发展。既包括物质文明建设，也包括政治文明建设和精神文明建设。促进全面发展，要正确处理经济发展和发展的关系。经济发展是社会发展的基础和条件，而社会发展是经济发展的目的和保障。只有经济的发展而没有社会的进步，就不是全面的发展，因此，要推动经济和社会的协调发展，形成经济和社会相互促进、全面发展的良好格局。促进全面发展，还要正确处理物质文明建设与政治文明和精神文明建设的关系。物质文明为政治文明和精神文明提供物质基础，政治文明为物质文明和精神文明建设提供了政治保障，精神文明为物质文明和政治文明建设提供了精神动力和支持。要推动三个文明建设共同建设，实现经济、社会、政治、文化全面发展的目标。

第三，坚持协调发展，是科学发展观的基本原则。协调发展，就是要在发展中实现速度与结构、质量、效益的有机统一，促进发展的良好循环。保持协调发展，要正确处理速度与结构、质量和效益的关系，保持一定的经济增长速度，是推动经济发展的基础，是实现结构、质量、效益目标的重要前提。但增长并不等于发展，只有调整结构，提高质量，增加效益，才能保证经济的持续、快速的发展。保持协调发展，要在促进经济增长的同时，更加重视结构调整，提高质量和效益，这是指导经济工作十分重要的原则。保持协调

---

① 胡林辉、金钊：《解读科学发展观》，研究出版社，2004年，第16－20页。

发展，要努力提高经济增长的质量和效益，大力调整经济结构，突出解决产业结构不合理和城乡差距、地区拉大的问题。协调产业的发展，要进一步加强基础产业，加快发展服务业，提高制造业的服务水平，增加产业的竞争能力。协调城乡发展，要更多地关注农村，关心农民，支持农业，逐步形成城乡经济互相促进、相互融合的格局。协调区域发展，要继续实施西部大开发的政策，振兴东北老工业基地，逐步形成东、中、西互动、优势互补、互相促进的格局。

第四，实现可持续发展，是科学发展观的重要体现。可持续发展，就是要在发展经济的同时，充分考虑环境、资源和生态的承受能力，保持人与自然的和谐发展，实现自然资源永续的利用，实现社会永续的发展。实现可持续发展，要正确处理人与自然的关系，用尽可能少的代价来获得经济的增长，在不牺牲未来需要的情况下，满足当代人的需求，这是迄今为止人类对发展内涵的认识达到的较高境界，是世界各国普遍认同的发展理念，也是科学发展观的重点所在。实现可持续发展，要把坚持以人为本与尊重自然规律相结合，努力为人类的长期生存和发展创造一个良好的环境条件。要满足人的需要，也要维护自然界的平衡，要注意人类当前的利益，也要权衡人类未来的利益。要改变那些重建设、轻保护，重开发、轻治理，重眼前的增长、轻长远的发展，重局部利益、轻整体利益的错误做法，高度重视解决人口、环境、资源、生态等方面的问题，走生产发展、生活富裕、生态良好的文明发展之路。

第五，实行统筹兼顾，是科学发展观的总体要求。所谓统筹兼顾，就是要正确地处理改革、发展、稳定的关系，协调好改革和发展中的各种利益关系。处理好改革、发展和稳定的关系，必须坚持把改革的力度、发展的速度和社会可承受的程度统一起来，把维护和满足人民群众的根本利益作为一切改革的出发点和落脚点。把不断改善人民生活水平作为各项工作的重要契合点，实现在社会稳定中推进改革发展，通过改革发展促进社会稳定。正确处理各方面的利益关系，必须站在现代化建设的全局的高度考虑问题，合理安排经济社会发展的战略布局，团结最广大的人民群众，调动各方面的积极性，发挥主动性和创造性，顺利地推进我们伟大的事业。实行统筹兼顾，是对改革、发展和稳定的总体要求，必须坚持党的领导，紧紧地依靠广大人民群众，必须正确处理国家、集体和个人之间的利益关系，充分发挥党中央和地方的两个积极性，必须坚持和完善公有制为主体、多种所有制共同发展的经济制度，必须不断地提高领导能力和执政水平，提高科学地判断形势、驾驭市场经济和应付复杂局面的能力和水平。

"深入贯彻落实科学发展观"是我国各项事业建设的基本指导原则。新一届国家领导人在建设海洋强国的发展道路上明确指出：我们要着眼于中国特色社会主义事业发展全局，统筹国内国际两个大局，坚持陆海统筹，坚持走依海富国、以海强国、人海和谐、合作共赢的发展道路,通过和平、发展、合作、共赢方式,扎实推进海洋强国建设。① 因此,开展海洋与社会协调发展战略研究必须以科学发展观为指导,具体体现科学发展观的精神实质和内涵要求。

第一,坚持以人为本,是海洋与社会协调发展战略研究的核心内容。在海洋与社会协调发展战略研究中坚持以人为本,就是要把满足海洋开发中的各类人的全面需求和促进他们的全面发展作为海洋经济社会发展的根本出发点和落脚点,围绕人们的生存、享受和发展的需求,提供充足的海洋物质文化产品和服务,围绕人的全面发展,推动海洋经济与海洋社会的全面发展。

第二,促进全面发展,是海洋与社会协调发展战略研究的重要目标。我们要充分认识到,海洋经济发展不是最终目的,只是手段和条件,其最终目的是促进海洋社会的发展,促进整体经济与整体社会的发展,并为满足人的需求和全面发展服务。因此,海洋与协调发展战略研究就是试图实现海洋经济与海洋社会的全面发展。

第三,保持协调发展,实现可持续发展,实行统筹兼顾,是海洋与社会协调发展战略研究的基本原则。保持协调发展就是要通过大力调整产业结构,协调海洋产业发展;要协调沿海地区城乡发展,要关注渔村,关心渔民,支持渔业;要协调沿海地区区域发展,协调东部沿海地区与中西部地区的发展。实现可持续发展,就是要在加大海洋开发力度的同时,加强海洋环境保护,高度重视解决海洋开发中的环境、资源与生态问题。实行统筹兼顾,就是要在海洋开发过程中处理好改革、发展与稳定的关系,处理好海洋开发所涉及的各群体的利益关系。

与科学发展观相对照,之前一些海洋发展研究中存在着两个片面观点:一是只见海洋不见人;二是只见经济,不见社会。由此可见,海洋开发与社会发展之间存在着诸多不协调的问题。

第四节　本书的研究内容

本书试图在科学发展观的指导下,综合运用环境社会学和发展社会学的理论与方法,重点分析海洋开发所带来的与社会协调发展不相适应的种种问题及成因,探索性地提出实现海洋与社会协调发展的战略构想。围绕这一研究思路,本书所涉及的海洋与社会协调发展战略研究的基本内容大致包括以下几个部分。

第一,海洋开发与经济社会发展。海洋蕴藏着丰富的资源,包括海洋生物资源、海洋生态与环境资源、海底矿产资源、沿海港口与航运资源、滨海旅游资源、海洋能资源、海

---

① 习近平:进一步关心海洋认识海洋经略海洋,推动海洋强国建设不断取得新成就.2013 年 7 月 31 日,http://news. xinhuanet. com/politics/2013 - 07/31/c_ 116762285. htm.

水资源、海岸带与海岛资源等，这些资源与人类的生存和社会发展息息相关。随着科学技术，特别是海洋科学技术的发展，现代海洋产业已经形成，包括海洋生物医药业、海洋交通运输业、滨海旅游业、海洋船舶工业、海洋盐业、海洋油气业、海洋电力业、海洋化工业、海水利用业、海洋工程建筑业、海洋渔业、海洋矿业等。海洋开发所带来的巨大经济效益，促进了社会发展。但是，不可否认的是海洋开发也带来了一系列问题，尤其是海洋环境的污染问题和生态破坏问题极大地阻碍了海洋的深入开发、利用和经济社会的整体发展。

第二，沿海地区人口协调发展。随着科学技术的发展，海洋开发不断向广度和深度进展的同时，促进了海洋产业的发展和壮大，促进了沿海地区的经济与社会发展，增加了大量的就业机会，再加上优美的海洋环境的吸引，人口不断向沿海地区集中，出现了所谓的人口趋海现象。20世纪末，世界上60%以上的人口居住在距离海岸线100千米以内的沿海地区。有预测认为，进入21世纪，世界沿海地区人口有可能达到人口总数的3/4。人口趋海导致了人口集中在沿海地区，使得沿海地区人口密度加大，随之带来了一系列的社会问题。如何实现沿海地区的人口协调发展，是一个非常值得研究的课题。

第三，沿海地区城市化协调发展。人口趋海必然导致沿海地区城市化的快速发展，沿海地区的城市群、城市带已初具规模，这在一定程度上提升了我国城市化水平。沿海地区超大、特大城市发达，大、中、小城市密集，数量多，城市规模分布呈现较高水平上的均衡。共有5个超大城市集中在这里，全国48.7%的大城市、46.2%的中等城市和43.2%的小城市也都分布在这里。但是，沿海地区的快速城市化过程依然存在着一系列的问题，需要制定一系列的战略决策。

第四，海洋产业结构及转型。在沿海快速城市化的同时，支撑沿海渔村的传统海洋渔业即近海捕捞业却出现了衰落的趋势，面临着转型。而海洋第三产业相对来说所占比重不断增大。海洋产业结构总体呈现出，海洋第一产业（海洋养殖与捕捞）所占比例将大幅度下降，海洋第二产业（海洋油气业、海盐业、滨海砂矿业）所占比例在有一定幅度提高之后将保持相对稳定，而海洋第三产业（海洋交通运输业和滨海旅游娱乐业）所占比例将会大幅度上升。但是，在新旧产业如何交替协调发展方面仍然存在着诸多问题。这些问题的处理对于确保海洋开发与社会协调发展具有重要意义。

第五，沿海地区之间的协调发展以及东部沿海地区与中部、西部地区之间的协调发展。改革开放30多年，沿海地区在改革开放总方针的指导下，分阶段、有层次地实行对外开放，经济发展的速度和效益都居于全国领先水平，并且具有国民经济持续快速增长、工业化和城市化发展速度快、经济国际化程度高、基础设施和投资软环境日益优化等特点。由于各种原因，沿海地区过去、现在和将来相当长一个时期，都是我国经济发展的重心区，它的发展对全国经济具有举足轻重的作用。但是，在沿海地区内部依然存在着区域发展不平衡的问题，"珠三角"地区、"长三角"地区和环渤海地区已经成为我国经济发展的"三极",无论是经济发展还是社会发展都处在领先地位,而有些地区还需要进一步发展,尤其是北部湾地区不仅落后于沿海其他地区,即使在全国也属于比较落后的地区。因此,如何实现沿海区域协调发展,需要进行一定的战略研究。另外,东部沿海地区凭借临海的地理优势以及国家政策的支持迅速发展起来的同时,也拉大了与中西部地区的差距,如何发挥沿海地区的辐射作用,缩小沿海地区与中西部地区之间的发展差距,实现区域协调发展是一个必须重视的问题。

第六,海洋开发与海洋环境保护的协调发展。海洋环境问题主要是人们在开发利用海洋的过程中,没有同时顾及海洋环境的承受能力,因此使海洋环境,尤其是河口、港湾和海岸带区域受到了人为污染物的冲击。人们把各种废物直接或间接地排入海洋,但由于过去排入量小,海洋净化废物的能力强,不足为害。随着经济的发展,人口向临海城市集中,大量工业与生活废弃物排入海域,再加上海上油运和油田发展所造成的污染,大大超过了海洋的自净能力,使海洋环境遭到了污染。此外,某些不合理的海岸工程的兴建给环境带来了损害,而对水产资源的滥捕、热带红树林的滥伐,以及对珊瑚礁的破坏,也严重地损害了海洋生物资源,危及生态平衡。保护海洋生态环境和资源,是当代人类面临的最大任务之一。21世纪,我国高举科学发展观的伟大旗帜,更应重视保护海洋生态环境与资源,以便使海洋资源能够永续利用。然而,保护海洋生态环境与资源,这是与不断扩大的海洋开发规模和日渐提高的海洋开发水平相矛盾的。因此,需要有恰当的政策,正确处理好开发与保护的关系,以便较好地提高我国海洋开发的经济效益、社会效益和环境效益。

"海洋与社会协调发展"是一种整体性发展、可持续发展。任何单一性发展战略都有可能导致整体发展的失衡。海洋环境问题的出现本身就提示着人们在海洋开发的过程中,必须把握海洋与社会之间的相互制约、相互促进的关系。通过制定包含人口的协调发展、区域之间的互补与平衡发展等总体性的发展战略,才能实现海洋与社会之间的协调发展。

第二章　海洋开发与经济社会发展

辽阔的海洋占地球表面积的71%，占地球水体的97%，蕴藏着丰富的资源，与人类的生存和经济社会的发展息息相关。海洋开发是对海洋资源的开发与利用，主要表现在两个方面：一是对蕴藏丰富的海洋生物资源、海洋矿产资源、海洋化学资源等的开发；二是利用海洋提供的便利通道进行国际贸易和交流。无论是对海洋资源的开发，还是便利的海上交通，都会产生巨大的经济效益，促进社会的发展。

第一节　海洋资源概述

一、概况

海洋资源是相对于陆地资源而言的，有狭义和广义之别。狭义的海洋资源，包括传统的海洋生物、溶解在海水中的化学元素和淡水、海水中所蕴藏的能量以及海底的矿产资源，这些都是与海水水体本身有着直接关系的物质和能量。广义的海洋资源，除了上述的能量和物质外，还把港湾、海洋交通运输航线、水产资源的加工、海洋上空的风、海底地热、海洋旅游景观、海洋里的空间以及海洋的纳污能力都视为海洋资源。因此，海洋资源可以界定为在海洋内外营力作用下形成并分布在海洋地理区域内的，在现在和可预见的将来，可供人类开发利用并产生经济价值，以提高人类当前和将来福利的物质、能量和空间等。它的范围涵盖海洋生物资源、海水及化学资源、海洋石油天然气资源、海洋矿产资源、海洋能资源、海洋空间资源等。[①]

海洋资源种类繁多，既有有形的，又有无形的；既有有生命的，又有无生命的；既有可再生性的，又有不可再生性的；既有固态的，又有液态的或气态的。如果根据海洋资源的自然本质属性，可以将海洋资源分为海洋物质资源、海洋空间资源和海洋能资源三大类，而后再按其他属性进一步细分（见表2-1）。

---

① 朱晓东等：《海洋资源概论》，高等教育出版社，2005年，第2页。

表 2 - 1　海洋资源分类及其利用举例

分类				利用举例
海洋物质资源	海洋非生物资源	海水资源	海水本身资源	冷却用水；盐土农业灌溉；海水淡化利用
			海水中溶解物质资源	除传统的煮盐晒盐外，现代技术在卤元素、金属元素（钾、镁等）、核燃料铀、锂和氘等方面已取得了很大进展
		海洋矿产资源	海底石油	是当前海洋最重要的矿产资源，其产量已是世界油气总产量的近 1/3，而储量则是陆地的 40%
			滨海砂矿	金属和非金属砂矿，用于冶金、建材、化工、工艺等
			海底煤矿	弥补沿海陆地煤矿的日渐不足
			大洋多金属结核和海底热液矿床	可开发利用其中的锰、镍、铜、钴、镉、锌、钒、金等多种陆地上稀缺的金属资源
	海洋生物资源	海洋植物资源		如海带、紫菜、裙带菜、鹿角菜、红树林等。用途广泛：食用、药物、化工原料、饲料、肥料、生态、服务功能等
		海洋无脊椎动物资源		包括贝类、甲壳类、头足类及海参、海蜇等，主要作为优质食物和饲料、饵料等
		海洋脊椎动物资源		主要是鱼类和海龟、海鸟和海兽等，鱼类是主要的海洋食物，海龟、海鸟和海兽也有特殊的经济、科学、旅游和军事价值
海洋空间资源	海岸与海岛空间资源			包括港口、海滩、潮滩、湿地等，可用于运输、工农业、城镇、旅游、科教、海洋公园等许多方面
	海面/洋面空间资源			国际、国内海运通道；海上人工岛、海上机场、工厂和城市；军事试验演习场所；海上旅游和体育运动等
	海洋水层空间资源			潜艇和其他民用水下交通工具运行空间；水层观光旅游和体育运动；人工渔场等
	海底空间资源			海底隧道、海底居住和观光；海底通信线缆；海底运输管道；海底倾废场所；海底列车；海底城市等
海洋能资源	海洋潮汐能			蕴藏在海水中的这些形式的能量均可通过技术手段，转换为电能，为人类服务。理论估算世界海洋总的能量 40 万亿千瓦以上，可开发利用的至少有 400 亿千瓦；海洋能量资源是不枯竭的无污染能源
	海洋波浪能			
	潮流/海流能			
	海水温差能			
	海水盐度差能			

二、主要海洋资源及其概况

在表 2 - 1 中的各类海洋资源中，由于人类认识和开发技术的限制，各种被利用资源的情况并不一样。目前在人类的利用能力范围之内，有如下几类海洋资源是人类所能充分开发和利用的。

（一）海洋非生物资源，包括海水资源和海洋矿产资源

海洋是资源宝库，其蕴藏的资源要比陆地丰富得多，而海水则是海洋资源宝库中占比例最大的一种。首先，海水具有丰富的化学资源。现在人们知道的 100 多种元素中，能在海水中找到的就达 90 多种，平均 1 立方千米海水中就有 3 570 吨的化学物质。海洋化学资源包括作为资源本身的海水及其包含的各种化学物质资源。从某种意义上说，海水不仅是水，而且还是一种可开发多种物质的液体资源：含有 80 多种元素；各种盐类约 5 亿亿吨，其中氯化钠 4 亿亿吨，镁 1 800 万亿吨，溴 950 万亿吨，钾 500 万亿吨，碘 8 200 亿吨，铷 1 900 万亿吨，锂 2 600 万亿吨，金 500 万吨，银 5 亿吨，铀 450 亿吨；海水中还含有核聚变的原料重水 200 万亿吨。同时海水也是水，因为每 1 千克海水中就含有纯淡水 965 克。总之，海水作为资源，既可以直接利用，如用海水代替淡水作为工业（主要包括冷却、水淬、洗涤、净化、除尘）、农业（主要包括海水养殖和海水灌溉）、商业和城市生活用水（主要包括冲厕、洗刷、消防、浴池、游泳等）；也可以进行淡化生成淡水①；又可以从海水中提取盐和各种化学元素，如溴、碘、钾、镁、铀、锂、重水等。其次，海洋还是丰富的淡水宝库。海洋水体占地球水量的 97.5%，其中 3.5% 是盐类，盐类之外便是淡水。全世界有 9 000 座海水淡化工厂在运转，世界海水淡化装置的能力已达日 1 300 亿立方米。②

海洋还具有丰富的矿产资源。全世界 34% 的有油气远景的沉积盆地在海底。海洋油气矿产资源包括石油天然气资源和滨海砂矿资源、多金属结核资源、海底热核矿资源、海底煤矿等。据不完全统计，世界海洋石油储量为 1 350 亿吨，海洋天然气储量为 140 亿吨，海底蕴藏的油气资源储量约占全球油气储量的 1/3。最新的勘探研究统计结果表明世界海洋石油储量多达 1 450 亿吨，天然气约 45 万亿立方米。目前海洋石油年产量超过 13 亿吨，占世界石油总产量的 40%；海洋石油的产值已占整个海洋产业总产值的 60% 以上。海洋中的矿产资源，除了石油、天然气之外，还包括覆盖于海底表层的沉积物和团块，如砾石、矿砂、多金属软泥、多金属结核，埋藏于海底基岩中的煤、铁等。世界现已探明具有工业价值的滨海砂矿有 20 种以上。至今已发现海底蕴藏的多金属结核矿 3 万亿吨，其中含锰 4 000 亿吨、镍 146 亿吨、钴 58 亿吨、铜 88 亿吨，若把这些丰富的大洋多金属结核开采出来，其镍可供全世界使用 2 万年，钴可使用 34 万年，锰可使用 18 万年，铜可使用 1 000 年。世界大洋底多金属结核的总储量约为 3 万亿吨，其中太平洋具有商业开采价值的储量为 700 亿吨。

---

① 目前，全球已进行海水淡化的国家有 120 个，全世界有海水淡化工厂 1.36 万座，每天生产淡化海水 2 600 万立方米，中东一些国家淡化海水已占其淡水总供应量的 80% ~90%。参见朱晓东等：《海洋资源概论》，高等教育出版社，2005 年，第 24 页。

② 徐质斌等：《海洋经济学教程》，经济科学出版社，2003 年，第 2~4 页。

（二）海洋生物资源

海洋生物资源是指对人类有用的海洋生物。海洋具有极其丰富的生物资源，占地球表面积约71%的海洋是一个巨大的生物资源宝库。海洋中的生物多种多样，已发现的生物有30门类、50多万种，陆地上有的门类，海洋中都有，而海洋中却有不少陆地上没有的门类。海洋生物资源主要包括在海洋中生长的鱼类、贝类、甲壳类、头足类、哺乳类和藻类等动植物，并且这些生物多达20余万种，其中植物2万种，附着生长的海藻4 500种，有70多种可以食用，可作药用的230种之多；动物18万种，无脊椎动物16万种，软体动物6万种，甲壳类2万种，鱼类1.6万种，被大量食用的有200余种。在不破坏生态平衡的条件下，鱼类年可捕量1.5亿～3.0亿吨，鱼类是海洋生物资源中最重要的一类，其捕捞量最大、价值最高，是水产品的主体。据有关专家测算，世界海洋植物年生产力约为5 500亿吨，动物年生产力约为562亿吨，其中鱼类约6亿吨。而据估算，1亿吨鱼就相当于3亿头牛或10亿头猪或50亿只羊的产肉量。海洋鱼类约有20 000种。人类每年食用蛋白质的1/5来自于海洋中的水产品。海洋中的生物资源储量也是非常巨大的，科学家估计全球海洋初级生产力每年达1 350亿吨有机碳，海洋生物的蕴藏量约342亿吨，其中浮游动物215吨，底栖动物100亿吨，游泳动物10亿吨，海洋植物17亿吨，这样仅海洋动物应有325亿吨，而陆地上的动物还不足100亿吨，相反，人类目前每年从海洋中获取近亿吨水产品仅占人类食物总量的1%。据专家估算海洋浮游植物每年约能生产230亿吨碳，在不破坏资源的情况下，海洋每年能向人类提供30亿吨水产品。到目前为止，海洋生物资源被开发的仅是极小部分，科学家以碳计算，现在的开发水平仅相当于海洋初级生产力的0.03%。仅以海水鱼类为例，捕捞的鱼类仅仅200种，产量超过1 000万吨的仅8种。这表明海洋生物资源储量是相当大的，开发海洋生物资源的潜力难以估量。

（三）海洋空间资源

海洋空间资源是指可供利用的海洋水域、海洋上空、海底和海岸空间。海洋空间资源具有多种用途：建造海洋港口、海上交通运输、围海造地、建造海上桥梁、建设海底隧道、铺设海底管线、建造人工岛、建造海上机场、建造海上工厂、建造海上城市、建造储藏基地、处置垃圾、建造军事基地等。海洋是重要的全球通道，虽然不适合人类居住，但是在有了船舶、潜水器等运载工具之后，海水就成了一种交通介质。海洋把世界大多数国家和地区连接起来。海上航道是天赐之物，无需耗费巨资建造和维修就可以进行洲际运输、环球航行。船舶运量大，运程远，运费低。按每马力计算，飞机只能运载7千克，汽车为45～90千克，火车为260～700千克，船为900～4 000千克。常用25万吨级运煤船，运量相当于13列火车或1万辆汽车，而吨/千米运价只及火车的1/3，汽车的1/5，飞机的十几分之一。世界海上货运量每年在50亿吨以上，外贸货物的90%是通过海上运输的。①

---

① 徐质斌等：《海洋经济学教程》，经济科学出版社，2003年，第4～5页。

（四）海洋能源

海洋能一般是指海洋的自然能量（动能、热能和势能），包括潮汐能、潮流能、波浪能、温差能、盐度差能等。海洋学家对全球海洋的波浪能总量作粗略估计，达 700 亿千瓦，可供开发的波浪能为 20 亿~30 亿千瓦，每年发电量可达 90 万亿千瓦时。据科学家估算，全世界海洋的潮汐能约有 30 亿千瓦，若用来发电，年发电量可达 1.2 万亿千瓦时。据计算，世界上可利用的海流能约 1 亿千瓦；世界海洋的温差能达 50 亿千瓦，而可能转换为电能的海洋温差能为 20 亿千瓦。据估算，世界海洋可利用的盐度差能约为 26 亿千瓦。

第二节　人类开发海洋的历程

海洋是造就地球生命和人类生活、文明的源泉之一。人类利用和开发海洋资源的历史可以追溯到远古时代。根据技术与组织的状况不同，可以大致将人类开发利用海洋资源的历程分为五个阶段：一是海洋资源开发的原始阶段；二是海洋资源开发的古代阶段；三是海洋资源开发的近代阶段；四是海洋资源开发的现代阶段；五是海洋资源开发的新世纪。

一、海洋资源开发的原始阶段

这个阶段是人类开始利用海洋资源的初始阶段。原始社会生产力低下，狩猎和采集不足以维持生活，人们开始把生产活动从陆地扩展至水域，利用水生动植物作食物，出现原始的捕捞活动。因而，这个阶段的海洋开发对于人类来说主要是集中于采拾和捕捞活动，也兼有煮盐等活动，不过这些活动只是作为陆地狩猎和采集生活的补充或者扩展。这个阶段生产工具简单，组织方式原始，使得人类的海洋开发活动被限制在近海一带。

概括而言，这个阶段的主要特点如下。

第一，大量简单的渔业工具出现，比如木舟、渔网、渔钩、弓箭和鱼叉等。距今 7 000 年前，居住在今浙江余姚的河姆渡人，已经开始使用木舟捕鱼；距今 5 000 年前，居住在今山东胶县的三里河人，开始大量捕捞海鱼，能捕获长约 50 厘米、游泳快速的蓝点马鲛。[1]

第二，除了渔业活动，这个阶段还出现了早期的煮盐活动。早在公元前 4 000 多年以前，沿海居民就开始"煮海为盐"。

第三，海洋渔业开始在人们生产生活中发挥越来越重要的作用。人类在狩猎和采集的生产状态下，开辟出了渔业生产，无论如何都是一个重大的进步，而且渔业生产在以后

---

[1]　黄良民主编：《中国海洋资源与可持续发展》，《中国可持续发展总纲》第 8 卷，科学出版社，2007 年，第 188 页。

的人类生产生活中的作用日益凸显。比如，在距今 18 000 多年前的北京周口店山顶洞人穴居的洞内，就发现了作装饰品的海蚶壳；又比如，在我国有关财富的文字中，有不少是以"贝"作为偏旁的，这说明在文字形成的初期，"贝"曾广泛作为货币使用，表明古代商品经济的出现与海洋有密切的联系。

总而言之，在原始阶段，人类利用和开发海洋资源采用的是最初级的形式，主要是作为陆地活动的补充而存在的。但是，人类对海洋的初步探索不仅实现了从无到有的突破，也为人类进一步开发海洋创造了基础。

二、海洋资源开发的古代阶段

在这一阶段，人类对海洋资源的开发利用虽然依然局限在"鱼盐之利"和"舟楫之便"方面，但是，无论是海洋捕捞业，还是海水制盐业，虽然规模有限，但已成为沿海地区的主要产业。而且在航海工具方面有了极大进步，海船突破了独木舟和筏的局限，运载量更大、航程更远、更能抗风浪的木帆船开始出现并大量用于海上航行，于是出现了较有规模的海洋运输业。在组织方式上也有了极大的突破，出现了以家庭为单位的专业渔民，在一些航海活动中封建国家也参与其中。

相比较原始阶段而言，这个阶段有以下几个突出特点。

第一，航海工具得到了极大发展，尤其是帆船的发展。考古资料表明，帆船早在公元前 2500 年前后就已在印度出现，当时的帆船是独桅三角帆船。公元前 2000 年的一座埃及墓内有一把壶上刻有帆的图案，这是现知人类最古老的帆的图案。约公元前 2000 年，地中海克里特文明中出现了一种桨帆并用的柏树船。约从公元前 14 世纪到公元前 6 世纪，腓尼基人的造船技术居于世界首位，他们制造的货船比较庞大沉重，主要靠张帆行驶，既适于航海，也便于载运大宗货物，其战舰也比较庞大坚固。公元前 8 世纪末，希腊人已能制造三层桨的战舰，运货大船的载重量已达约 250 吨，主要靠帆航行，较少用桨。[①] 在这之后，人类的造船技术进一步发展，所造之船体积越来越大，载重量也越来越大，航行速度越来越快，抗风浪能力也越来越强。伴随着航海技术的发展，人类已经具备了远洋航行的能力。可以说，在工业革命以前漫长的人类历史上，帆船成为人类开发利用海洋资源的强有力工具。

第二，渔业生产的组织方式发生了变化，渔民家庭成为了渔业生产的基本单位，出现了专业渔民。社会生产力的发展、社会交换的增加、捕捞技术和工具的改进等都为人们专业从事渔业打下了基础。再加上，此时的社会生产单位已经转变为家庭，因此，渔民家庭就成为了渔业生产的基本组织单位。随着渔业的专业化发展，捕捞业得到了快速发展。据《汉书·地理志》记载，辽东、楚、巴、蜀、广汉都是当时重要的鱼产区，市上出现了大

---

① 曲金良：《海洋文化概论》，青岛海洋大学出版社，1999 年，第 61 页。

量商品鱼。[①]

第三，远洋航海发展迅速。由于帆船的快速发展，加上罗盘应用于航海，航海事业在这个阶段得到了快速发展。我国明初的郑和下西洋，据记载郑和船队有大小海船 200 余艘，人员 27 800 多人，编队航海，场面蔚为壮观。船队中有大型宝船 62 艘，属于沙船类型，体势巍然。其中最大的宝船长 44 丈，宽 18 丈，中者长 37 丈，宽 15 丈，有 9 桅 12 帆，16 橹至 20 橹，舵重 4 810 千克；载重量为 1 500～2 500 吨。每一艘船都有三层罗盘，每一层都有 24 名官兵视察航行方向，日测风云，夜观星斗。西方世界航海事业也在快速发展，1492 年哥伦布发现新大陆，30 年后，麦哲伦经过三年的航海完成了人类历史上的首次环球航行。应该说这些航海活动极大地促进了远洋航海事业的发展。

第四，封建国家成为了远洋航海的组织者。从郑和到哥伦布与麦哲伦，都是得到相关皇室或者政府的资助才得以实现如此壮阔的航海之举。这些远洋航海虽然直接目的大多数是为了宣扬国威，或者是一种殖民探索，但是，不可否认的是这些活动极大地加强了国际海洋交流，是人类全面深入了解和开发海洋的前导。

在这一阶段，随着造船技术和航海技术的发展以及组织方式的变化——渔业生产专业化和远洋航海国家支持，海洋运输能力强大，海洋捕捞业已经初具规模。

三、海洋资源开发的近代阶段

在人类的近代史中，最伟大的成就就是工业革命。工业革命改变了整个人类社会原有的一切格局，尤其是对人与自然之间的关系影响最为显著。人类对海洋的开发和利用也不可避免地受到了工业革命的影响：技术方面，蒸汽机的引入，使海洋运输工具发生了彻底变化，船舶的动力不再依靠自然风力或者人力，因而，船舶的船体不再是木制的而是铁制的，船的运载吨位大大提升，航行速度也得到了极大提升；组织方面，出现了资本主义公司制，无论是远洋运输还是捕捞都有公司的身影参与其中，家庭作业被大规模的企业作业所取代。

这个阶段出现的新特点可以概括为以下三点。

第一，运输工具的动力发生了实质的变化。工业革命之后，蒸汽机被发明并运用于航船，出现了新型的航海工具——轮船。世界上第一艘具有实用价值的蒸汽轮船，是 1807 年由美国发明家罗伯特·富尔顿发明的"克莱蒙特"号。19 世纪 20 年代，美国、英国、法国等国家制成了各种类型的轮船。

第二，由于钢铁业的发展，钢制轮船代替了木制轮船，从此人类进入了轮船时代，也使得人类开发利用海洋资源进入一个全新的阶段。最初的轮船都是木制的，虽然木制轮船与

---

① 黄良民主编：《中国海洋资源与可持续发展》，《中国可持续发展总纲》第 8 卷，科学出版社，2007 年，第 189 页。

帆船相比，其优势非常明显，如机械力代替了人力和自然力（风力）、载重量更大、速度更快、抗风浪能力更强等，所以有研究者认为轮船是工业革命的产物，带有典型的机械化特征[①]。但是木制轮船的缺点也很多：一是容易干裂导致漏水；二是容易遭虫蛀导致漏水；三是在长期海水浸泡后容易腐烂；四是经受不住长时间的机器振动；五是容易发生火灾；六是更大抗风浪的能力有限。因此，木制轮船依然有许多需要改进的地方，特别是制造轮船的材料。钢铁工业的发展为轮船制造提供了新材料，在 19 世纪人们开始尝试用铁代替木材来制造轮船。1820 年，第一艘适于航海的铁轮船"艾伦·曼比"号成功横渡了英吉利海峡，从此开始了用铁造船的时代。19 世纪下半叶，螺旋桨和蒸汽涡轮的出现，使轮船的速度和效能大大提高，轮船逐渐取代了帆船风行海上，从此，人类进入了轮船时代。[②]

第三，公司作为一种新的组织形式，在工业革命后，适应了一系列的新状况需要而成为重要的开发和利用海洋资源的组织者。据 1916 年统计，中国各轮船公司共有海轮 135 艘，外国各轮船公司在我国沿海航行的船舶有 150 艘。[③] 不仅作为交通运输的组织者由公司承担，而且一些大型远洋捕捞活动也基本由专业的公司组织进行运营。

工业革命带来的技术上和组织上的革命对于海洋资源的开发和利用来说其意义是非凡的，这也为海洋开发过渡到现代打下了坚实的基础。

四、海洋资源开发的现代阶段

第二次世界大战结束以后，虽然航海工具依然是钢制轮船，但其马力却是近代所无法比拟的，从而使远洋运输、远洋捕捞成为可能。不仅如此，人类对海洋资源的开发利用开始向广度和深度扩展。这些成就与海洋开发和利用的技术变革和相关组织的重大变化是联系在一起的。技术上以现代科学的高科技成就不断应用于海洋资源开发和利用为代表；组织上出现了专门的海洋科研组织，他们的研究成果对于推动海洋资源的开发和利用起到了重大作用。

现代海洋资源开发利用阶段是指传统海洋产业发展在技术和组织上更加成熟，而海洋石油开发等新兴海洋产业在此阶段大规模兴起。一般认为，这个阶段是从 20 世纪 60 年代开始的。[④] 实际上，早在这之前，人类对海洋的探索已有重大发现，如早在 19 世纪末在海底已发现石油，第二次世界大战之前，从海水中提取镁砂已获得成功等。但是由于科学技术等原因，这些海洋探索与发现并没有形成新兴的海洋产业。只有当现代科学技术迅速发展并开始向海洋领域延伸的时候，一些新兴的海洋产业才能出现。可以发现这个阶段在技术上更加强调高科技的应用，组织上海洋产业部门不断分化，海洋开发利用的专业研究部

---

① 曲金良：《海洋文化概论》，青岛海洋大学出版社，1999 年，第 64 页。
② 曲金良：《海洋文化概论》，青岛海洋大学出版社，1999 年，第 65 页。
③ 王庆跃：《走向海洋世纪——海洋科学技术》，珠海出版社，2002 年，第 195～196 页。
④ 朱晓东等：《海洋资源概论》，高等教育出版社，2005 年，第 3 页。

门正日益成为海洋开发中重要的组织。

与以往的各个阶段相比，现代海洋资源开发利用阶段具有以下几个特点[①]。

第一，现代科学技术不断应用于海洋资源开发利用，海洋技术不断进步，并成为新技术革命的重要内容之一。20 世纪 70 年代以来，很多发达国家把遥感技术、电子计算机技术、激光技术、声学技术等应用于海洋，极大地提高了人类开发利用海洋资源的能力，促进了海洋资源开发利用向深度和广度发展。

第二，海洋资源开发利用的规模和范围日益扩大，海洋产业日益增多。20 世纪 60 年代以来，海洋资源开发利用进入了新的阶段，陆续出现和兴起了海洋石油工业、海底采矿业、海水养殖业、海水淡化工业、滨海旅游业、海洋能利用业等新兴产业。海洋资源开发利用的范围也从近海不断向深海远洋发展，人类正在向着全面开发利用海洋的阶段迈进。

第三，海洋资源开发利用的物质产品不断增多，产值越来越大，海洋经济的地位越来越重要。现代的海洋资源开发利用不但可以为人类提供大量的动物蛋白质，还可以提供巨量的能源、工业原料，提供建立海上工厂、海底仓库、海上公园等生产和生活空间。

第四，海洋产业的部门不断分化，海洋开发利用的专业研究部门出现，他们的研究成果不断应用于海洋资源开发和利用的实践中，并且产生了巨大的经济和社会效益。也可以这么说，现代海洋开发的成就很大程度上是建立在海洋开发利用的专业研究部门的科研成就的基础之上的。

总之，现代海洋资源开发利用阶段是人类海洋开发的最新阶段，无论在开发规模上还是在开发深度上都是空前的。

综合以上四个海洋发展阶段不难发现，海洋开发的部门不断分化，专业化程度不断加强，与此同时随着海洋开发技术的不断进步和组织方式的不断调整，人类开发海洋的能力不断增强，也不断促进了经济社会的发展。

五、海洋资源开发的新世纪

早在 20 世纪有人就预言，21 世纪将是海洋的世纪。这也意味着在 21 世纪人类必将加大对海洋的开发利用，人类的海洋实践活动将成为主要的活动方式之一。特别是在人口急剧增加、陆地资源日益匮乏、环境日益恶化的情况下，沿海各国为了缓解不断增加的生存压力，纷纷向海洋进军，加大了对海洋的开发利用。以高科技为主轴的海洋开发可望成为未来人类社会可持续发展的新天地，再次对人类社会发展进程产生重大的影响[②]。

在 21 世纪，人类的海洋开发利用活动必将越来越频繁。不同于以往的海洋开发利用活动，21 世纪的人类开发利用海洋活动会呈现以下几个发展趋势。

---

① 朱晓东等：《海洋资源概论》，高等教育出版社，2005 年，第 3～4 页。
② 杨国桢：《论海洋人文社会科学的概念磨合》，《厦门大学学报（哲学社会科学版）》，2000 年第 1 期。

第一，加强对海洋环境的保护。半个多世纪的全面海洋开发，虽然取得了可观的经济效益，但由于一定程度的无序开发和过度开发，也出现了严重的海洋环境问题。海洋环境问题可分为海洋环境污染和海洋生态破坏两大类，这两类海洋环境问题，常常交织在一起，相互影响、相互作用，使问题更进一步加剧，严重威胁海洋开发利用的可持续发展。从表 2-2 中，我们可以看到我国海域的水质污染问题一直比较严重。《2012 年中国海洋环境质量公报》显示，我国近岸海域海水污染依然严重，劣于四类海水水质标准的海域面积为 67 880 平方千米，较上年增加了 24 080 平方千米，并且这些区域主要分布在黄海北部、辽东湾、渤海湾、莱州湾、江苏沿岸、长江口、杭州湾、珠江口的近岸海域。因此，加强对海洋环境的保护与治理将是 21 世纪人类海洋实践活动的必然趋势之一。在 21 世纪，海洋开发利用与海洋环境保护将同等重要，一方面海洋开发利用的原则之一就是不能再产生新的海洋环境问题；另一方面要通过海洋环境保护与治理减轻海洋环境污染，恢复海洋生态，为人类海洋开发利用的可持续发展奠定基础。

表 2-2　2007—2011 年我国全海域海水水质标准的各类海域面积　　单位：平方千米

海区	年度	二类水质海域面积	三类水质海域面积	四类水质海域面积	劣于四类水质海域面积	合计
渤海	2007	7 260	5 540	5 380	6 120	24 300
	2008	7 560	5 600	5 140	3 070	21 370
	2009	8 970	5 660	4 190	2 730	21 550
	2010	15 740	8 670	5 100	3 220	32 730
	2011	14 690	8 950	3 790	4 210	31 640
黄海	2007	9 150	12 380	3 790	2 970	28 290
	2008	11 630	6 720	2 760	2 550	23 660
	2009	11 250	7 930	5 160	2 150	26 490
	2010	15 620	8 100	6 660	6 530	36 910
	2011	13 780	7 170	4 240	9 540	34 730
东海	2007	22 430	25 780	5 500	16 970	70 680
	2008	34 140	9 630	6 930	15 910	66 610
	2009	30 830	9 030	8 710	19 620	68 190
	2010	32 760	11 130	9 260	30 380	83 530
	2011	15 430	10 820	9 150	27 270	62 670
南海	2007	12 450	3 810	2 090	3 660	22 010
	2008	12 150	6 890	2 590	3 730	25 360
	2009	19 870	2 880	2 780	5 220	30 750
	2010	6 310	8 290	2 050	7 900	24 550
	2011	3 940	7 370	1 160	2 780	15 250

海区	年度	二类 水质海域面积	三类 水质海域面积	四类 水质海域面积	劣于四类 水质海域面积	合计
合计	2007	51 290	47 510	16 760	29 720	145 280
	2008	65 480	28 840	17 420	25 260	137 000
	2009	70 920	25 500	20 840	29 720	146 980
	2010	70 430	36 190	23 070	48 030	177 720
	2011	47 840	34 310	18 340	43 800	144 290

资料来源：国家海洋局，《2011 年中国海洋环境质量公报》，中国海洋信息网，http：//www. coi. gov. cn/gongbao/nrhuanjing/nr2011/201207/t20120710_ 23201_ 1. html.

第二，海洋产业结构将发生重大调整。海洋产业结构是指海洋第一、第二、第三产业之间的比例关系，在 21 世纪，海洋产业将发生重大调整，即海洋第一产业（海洋养殖与捕捞）所占比例将大幅度下降，海洋第二产业（海洋油气业、海盐业、滨海砂矿业）所占比例在有一定幅度提高之后将保持相对稳定，而海洋第三产业（海洋交通运输业和滨海旅游娱乐业）所占比例将会大幅度上升。我国海洋产业结构就呈现了上述的发展趋势。1991 年，我国海洋三次产业的比例是 59：9：32，到 2004 年则变为了 30：24：46，而到 2011 年则变为 5.1：47.9：47。由此可见，在短短的 20 年期间，我国海洋产业结构发生了巨大的变化，海洋第一产业下降到了不到原来的 1/10，而海洋第二产业和第三产业都有较大幅度的上升，海洋第三产业已经成为我国海洋产业中占据比例最大的部分。据《2012 年中国海洋经济统计公报》提供的数据显示，2012 年海洋产业中的新兴产业都继续保持着强劲的增长态势，其中海洋矿业全年实现增加值 61 亿元，比上年增长 17.9%；海洋化工业全年实现增加值 784 亿元，比上年增长 17.4%；海洋电力业全年实现增加值 70 亿元，比上年增长 14.3%；滨海旅游业全年实现增加值 6 972 亿元，比上年增长 9.5%。

第三，海洋开发的国际合作越来越得到重视。全球的海洋是连为一体的，且呈流动性，这就意味着一国的海洋开发活动会对整个海洋以及他国产生影响。《联合国海洋法公约》为沿海国划定了 200 海里的专属经济区，但还是留下大面积的海域为世界各国所共同拥有。因此，无论是海洋开发与利用，还是海洋环境保护与治理，都需要开展国际合作。在有争议的海域，合作开发也是必要而有效的原则之一。进入 21 世纪以来，国与国之间签署的单边或多边海洋合作协议屡见不鲜。

第四，海洋科技创新将受到空前的重视。人类海洋开发所取得的所有成果都得益于海洋科技创新。无论是海洋开发与利用，还是海洋环境保护与治理，都需要海洋科技创新。21 世纪是海洋的世纪，这意味着人类将更加全面而深入地向海洋进军，将加大力度保护和治理海洋环境，而要完成这一使命，必须不断促进海洋科技创新。为了迎接海洋世纪的到来，一些国家相继制定了 21 世纪的海洋发展战略，许多知名的科学家、政治家异口同声地称 21 世纪为"海洋科学的新世纪"。包括中国在内的世界各个国家都非常重视海洋科技创新工作，因此投入了巨额的科研经费。如，2003 年经国务院批准立项的"我国近海海洋综合调查与评价"项目，总经费就高达 19.8 亿元；在国家中长期科技发展规划制定工作中，海洋科技已被作为"能源、资源与海洋"专题的一项重要内容。由此我们可以说，21 世纪是海洋的世纪，也必将是海洋科技不断创新的世纪。

第五，海洋开发将为人类开拓巨大的生存空间。世界人口已经超过了 60 亿人，据预测世界人口将在 2050 年达到 75 亿人。随着世界人口的急剧增加，陆地给人类提供的生存空间越来越有限。那么，人类新的生存发展空间在哪里呢？上天、入地都引起了科学家们的幻想，但比较现实的选择是"下海"。海洋开发将为人类带来巨大的生存发展空间。通过将无常住居民岛开发为居民岛，可以增加人类的居住空间；泥沙淤积和人工围海是土地增长的源泉；可以在海上直接构建现代化的人工岛和海上城市、海底居室；海洋将是劳动和工作的新场所，可以在海上建工厂、飞机场，可以在海底建设仓库和隧道。随着海洋科技的不断发展，海洋将是人类未来的生存空间。

总而言之，这些趋势正向我们昭示，海洋的开发和利用正在成为人类社会发展和进步的重要内容和方向。因此，以"海洋和社会协调发展"为目标的海洋开发才是人类充分利用海洋和实现海洋可持续发展的关键所在。

第三节　我国海洋资源开发利用情况

我国现代意义上的海洋资源开发的历史相比于西方国家较短，起点也比较低。但是，改革开放以来，我国加大了对海洋资源的开发利用，取得了明显的经济效益，对各种类型海洋资源的开发利用都有明显的效果。

一、海洋生物资源的开发

浩瀚的海洋蕴藏着十分丰富的、可为人类利用的海洋生物资源，其数量相当可观，有人估算，海洋每年约生产 1 350 亿吨有机碳，在不破坏生态平衡的情况下，海洋每年可提供 30 亿吨水产品，够 300 亿人食用；也有人推算，海洋向人类提供食物的能力相当于全世界陆地耕地面积所提供食物的 1 000 倍。目前世界海洋捕捞和养殖的范围只有大洋面积的 10%，绝大部分海域还没有开发利用。①

我国对海洋生物资源的开发利用主要体现在海洋捕捞和海水养殖上。由表 2 - 3 可知，我国的海洋捕捞量在全世界占有重要的地位。随着世界海洋捕捞总量的整体下降，我国的海水养殖业也顺应时代的潮流而稳步增长。2007—2009 年，我国海水养殖产量依次为

---

① 朱晓东等：《海洋资源概论》，高等教育出版社，2005 年，第 77 页。

1 307万吨、1 443 万吨、1 536 万吨。[①]

表 2-3　世界与中国海洋捕捞产量（2004—2009 年）　　　　单位：百万吨

年份	2004	2005	2006	2007	2008	2009
世界	83.8	82.7	80.0	79.9	79.5	79.9
中国	14.0	12.4	13.5	12.4	13.4	13.4

资料来源：FAO：《世界渔业与水产养殖状况》（2004；2006；2008；2010），联合国粮农组织公用文件库，http://www.fao.org/docrep/013/i1820c/i1820c00.htm；国家海洋局：《2004 年中国海洋经济统计公报》，中国海洋信息网，http://www.coi.org.cn/gongbao/jingji/；国家海洋局：《中国海洋统计年鉴（2010）》，海洋出版社，2011 年，第 63 页。

海洋生物不仅为人类提供了大量的食品，还为人类提供了丰富的药品资源。人类利用海洋生物作为药物的历史悠久。在中国的《黄帝内经》《神农本草》《本草纲目》等医学书籍中都有海洋药用生物的记载。随着人类对海洋药用生物资源的研究，新的海洋生物药源不断被发现。到目前为止，在海洋中发现的可作为药物和制药原料的生物种类已达千种，从微生物到巨大的鲸类都有，最重要的有海洋微生物、各种藻类、腔肠动物、海绵动物、软体动物、棘皮动物、被囊动物以及各种鱼类等。我国从 20 世纪 80 年代以来已经生产出一批海洋药物，如河豚毒素、珍珠精母注射液、海星胶代血浆人造皮肤等。20 世纪 90 年代以后，利用高新技术研制海洋新药物已经成为海洋生物资源开发的主流。[②] 表 2-4 显示，我国海洋生物医药业在 21 世纪的前 10 年发展迅猛。

二、海水及其化学资源的开发

海水中含有多种无机盐类、有机物、气体和悬浮物质，其中以氯化钠含量最高（约有 5 亿亿吨），因而海水带有苦味，故有"苦海"之说。海水中含有 80 多种化学元素，除了氢和氧之外，主要阳离子有钠（10.5‰）、镁（1.3‰）、钙（0.4‰）、钾（0.4‰），主要阴离子有氯（19‰）和硫（2.6‰）。此外还有溴、锶、硼、碳、氟等元素（含量在每千克海水 1 毫克以上）。它们构成了海水的"主要元素"。另外的 60 余种，在每千克海水中的含量都在 1 毫克以下，称为海水中的"微量元素"，如锂、碘、铀、磷、氮、硅等。后三种对海洋的生物生产率具有重要意义，又被称为"营养元素"。虽然海水的总含盐量会因地而异，但是海水中各种元素的含量却变化极小。[③]

海水及其化学资源的开发主要集中在两个方面：一是海水利用；二是海水中化学物质

---

① 国家海洋局：《中国海洋统计年鉴（2010）》，海洋出版社，2011 年，第 63 页。

② 朱晓东等：《海洋资源概论》，高等教育出版社，2005 年，第 79 页。

③ 朱晓东等：《海洋资源概论》，高等教育出版社，2005 年，第 81 页。

的提取。在我国,海水及其化学资源的开发形成了三个产业:海水利用业①、海洋盐业和海洋化工业②。表 2 - 4 显示,海水利用业近 10 年来每年增加值平均超过 1 亿元,海洋化工业则增长得更快。相应地,这些产业的从业人员也在逐步增长。

表 2 - 4   我国海洋资源利用相关产业增加值 (2003—2012 年)   单位:亿元

	年份	2003	2004	2005	2006	2007	2008	2009	2010	2011	2012
增加值	海洋生物医药业	16.5	19.0	28.6	28.3	43.7	56.6	52.1	67.0	99.0	172
	海水利用业	1.7	2.4	3.0	3.5	4.2	7.4	7.8	10	10	11
	海洋盐业	28.4	39.0	39.1	40.9	47.5	43.6	43.6	53	93	74
	海洋化工业	96.3	151.5	153.3	187.2	234.7	416.8	465.3	565	691	784
	海洋油气业	257	345.1	528.2	668.9	691.6	1 020.5	614.1	1 302	1 730	1 570
	海洋矿业	3.1	7.9	8.3	6.6	7.2	35.2	41.6	49	53	61
	海洋船舶工业	152.8	204.1	275.5	380.6	550.0	742.6	986.5	1 182	1 437	1 331
	海洋工程建筑业	192.6	231.8	257.2	327.2	392.5	347.8	672.9	808	1 096	1 075
	海洋电力业	2.8	3.1	3.5	4.4	5.1	11.3	20.8	28	49	70
	海洋交通运输业	1 752.5	2 030.7	2 842.1	3 353.1	3 499.3	3 146.6	3 748	3 816	3 957	4 802
	滨海旅游业	1 105	1 522	2 010	2 619.6	3 225.8	3 766.4	4 352	4 838	6 258	6 972

注:2008 年、2009 年数据中部分地区统计矿种、化工产品品种增加。

资料来源:国家海洋局:《中国海洋统计年鉴 (2010)》,海洋出版社,2011 年,第 49～53 页;国家海洋局:《中国海洋经济统计公报 (2003—2012)》,中国海洋信息网,http://www.coi.gov.cn/gongbao/jingji/.

三、海洋矿产资源和能源的开发

海洋是巨大的资源宝库,海底和滨海地区蕴藏着丰富的矿产资源。海洋矿产资源很多,按照矿产资源形成的海洋环境和分布特征可分为石油天然气、滨海砂矿、大洋锰结核、海底热液等。在我国海洋石油和天然气、滨海砂矿已经形成为主要海洋产业,大洋锰结核和海底热液还没有形成规模,只是处于探索阶段。

海洋石油和天然气是最重要的海底矿产资源。经过初步普查,我国已发现 300 多个可供勘探的沉积盆地,面积大约有 450 多万平方千米,其中海相沉积层面积约 250 万千米。我国近海已发现的大型含油气盆地有 10 个,已探明的各种类型的储油构造 400 多个。根

---

① 海水利用业是指利用海水进行淡水生产和将海水应用于工业生产和城市用水,包括利用海水进行淡水生产和将海水应用于工业冷却用水和城市生活用水、消防用水。参见国家海洋局:《中国海洋统计年鉴 (2005)》,海洋出版社,2006 年,第 114 页。

② 海洋化工业是指以海盐、溴素、钾、镁及海洋藻类等直接从海水中提取的物质作为原料进行的一次加工产品的生产,包括烧碱(氢氧化钠)、纯碱(碳酸氢钠)以及其他碱类的生产;还包括以制盐副产品为原料进行的氯化钾和硫酸钾的生产;或溴素加工产品以及碘等其他元素的加工产品的生产。参见国家海洋局:《中国海洋统计年鉴 (2005)》,海洋出版社,2006 年,第 106 页。

据科学家估算，我国的海洋石油储量可达 22 亿吨，天然气储量达 480 亿立方米，而且各个大海区不断有新的油气田被发现。据估计，我国海底石油资源储量约占石油资源储量的 10%～14%；我国的海底天然气资源量约占全国天然气资源的 25%～34%。[①]

经过多年努力，我国大洋锰结核矿的勘察工作取得喜人的成绩。我国已于 1991 年 5 月成为世界上第五个具有先驱投资者资格的国家，在东北太平洋克拉里昂与克里帕顿断裂带之间的 C-C 区获得了 15 万平方千米的锰结核资源开辟区。最近几年来，先后进行了 8 个航次的勘察，至 1998 年年底，最终完成了开辟区 50% 的放弃任务，从而在东北太平洋圈定了 7.5 万平方千米的面积作为中国 21 世纪的深海采矿区。据目前的勘探成果，区内资源量可满足年产量在 300 万吨以上干结核开采 20 年的需要。[②]

在我国大陆沿岸和海岛附近蕴藏着丰富的海洋能源，至今却尚未得到应有的开发。据调查统计，我国大陆沿岸和海岛附近的可开发潮汐能源理论装机容量达 2 180 万千瓦，理论年发电量约 6 240 万千瓦，波浪能理论平均功率约 1 290 万千瓦，潮流能理论平均功率 1 390 万千瓦，这些能源的 90% 以上分布在能源严重缺乏的华东沪浙闽沿岸。[③] 2004 年，我国沿海地区海洋电力业[④]总产值为 981.03 亿元，增加值为 541.30 亿元，年末从业人员为 32 062 人。[⑤] 表 2-4 显示我国海洋电力业 2012 年的增加值是 2003 年的 30 多倍。

我国的滨海砂矿含量十分丰富，近 30 年已发现滨海砂矿 20 多种，其中具有工业价值并探明储量的有 13 种。各类砂矿床 191 个，总探明储量达 16 亿多吨，矿种多达 60 多种，几乎世界上所有海滨砂矿的矿物在我国沿海都能找到。[⑥] 2004 年，我国海滨砂矿产量为 68 628 930 吨，产值为 195 463 万元，增加值为 79 382 万元。[⑦] 2008 年矿种统计增加之后，增加值就比 2007 年多了 5 倍，达到 35.2 亿元，而到 2012 年则达到了 61 亿元（见表 2-4）。

四、海洋空间资源的开发

辽阔的海洋空间也是一种潜力巨大的海洋资源。现代海洋空间利用除传统的港口和海洋运输外，正在向海上人造城市、发电站、海洋公园、海上机场、海底隧道和海底仓储的方向发展。人们现已在建造或设计海上生产、工作、生活用的各种大型人工岛、超大型浮

---

① 朱晓东等：《海洋资源概论》，高等教育出版社，2005 年，第 88 页。
② 朱晓东等：《海洋资源概论》，高等教育出版社，2005 年，第 90 页。
③ 朱晓东等：《海洋资源概论》，高等教育出版社，2005 年，第 91 页。
④ 在我国，海洋电力工业是指利用海洋能进行的电力生产，包括利用海洋中的潮汐能、波浪能、热能、海流能、盐差、风能等天然能源进行的电力生产，还包括沿海地区利用海水冷却发电的核力、火力企业的电力生产活动。见：国家海洋局：《中国海洋统计年鉴（2005）》，海洋出版社，2006 年，第 114 页。
⑤ 国家海洋局：《中国海洋统计年鉴（2005）》，海洋出版社，2006 年，第 115 页。
⑥ 朱晓东等：《海洋资源概论》，高等教育出版社，2005 年，第 89 页。
⑦ 国家海洋局：《中国海洋统计年鉴（2005）》，海洋出版社，2006 年，第 99～100 页。

式海洋结构和海底工程，估计到 21 世纪上半叶，可能出现能容纳 10 万人的海上人造城市。[①] 海洋空间能源的开发利用大多处于探索阶段，真正能形成产业的只有海洋交通运输业、海洋船舶业、海洋工程建筑业、滨海旅游业等。

从表 2-4 中可以看出，海洋交通运输业、海洋船舶业、海洋工程建筑业、滨海旅游业已经成为我国海洋产业中的重头产业。这四大产业的年增加值都在千亿元以上，其中滨海旅游业甚至高达近 7 000 亿元。

虽然与发达国家相比，我国海洋资源的开发利用还存在着很大差距，但所取得的成绩也是令人瞩目的。到目前为止，经过不断努力，我国已经形成了由海洋渔业及相关产业、海洋石油和天然气、海滨砂矿、海洋盐业、海洋化工、海洋生物医药、海洋电力和海水利用、海洋船舶工业、海洋工程建筑、海洋交通运输、滨海旅游、其他海洋产业组成的现代海洋产业集群。2012 年，我国主要海洋产业总产值为 50 087 亿元，增加值为 3 667.167 亿元，比上年增长 7.9%，相当于国内生产总值的 9.639%。[②] 这些成就对于促进我国经济社会发展做出了较大贡献。除此之外，还应该清楚，我国海洋开发取得了巨大成就的同时，海洋资源的开发潜力仍然很大，有待于进一步的开发和利用。

第四节　海洋开发的社会影响

一、海洋开发对人类经济发展的影响

从国内外海洋开发的经验来看，人类的海洋开发实践活动极大地促进了经济社会的发展，归纳起来主要体现在以下几个方面。

第一，海洋开发促进了经济增长。自第二次世界大战以来，世界各国开发海洋的实践活动取得了明显的经济效益。20 世纪 70 年代以来，世界海洋产业总产值 10 年左右翻一番，从 60 年代末的 1 100 亿美元，到 2000 年已达到 31 万亿美元。世界海上货运量每年在 50 亿吨以上，外贸货物的 90% 是通过海上运输的。改革开放以来，我国也加大了对海洋的开发利用，党的十六大报告提出了"实施海洋开发"的战略构想，先后制定了《中国海洋 21 世纪议程》和《全国海洋经济发展规划纲要》，进一步加快了我国海洋开发的步伐，我国海洋经济始终保持着快速增长的态势。据《2011 年中国海洋经济统计公报》数据显示，2011 年全国主要海洋产业总产值已达 45 570 亿元，海洋产业增加值为 26 508 亿元，相当于同期国内生产总值的 9.7%，按可比价格计算，比上年增长 10.4%。海洋三次产业比例为 5：48：47。海洋第一产业增加值 2 327 亿元，第二产业增加值 21 835 亿元，第

---

① 朱晓东等：《海洋资源概论》，高等教育出版社，2005 年，第 96~97 页。
② 国家海洋局：《中国海洋统计年鉴（2012）》，海洋出版社，2013 年，第 7 页。

三产业增加值 21 408 亿元。另据最新公布的《2012 年中国海洋经济统计公报》显示，2012 年全国主要海洋产业总产值 50 087 亿元，海洋产业增加值为 29 397 亿元，相当于同期国内生产总值的 9.6%，按可比价格计算，比上年增长 7.9%。海洋三次产业比例为 5：46：49。海洋第一产业增加值 2 683 亿元，第二产业增加值 22 982 亿元，第三产业增加值 24 422 亿元。

第二，海洋开发促进了区域发展。海洋开发与利用大大促进了沿海地区的发展，使沿海地区成为人口集中、城市化程度高、经济发达的地区，全球许多沿海城市已经成为重要的海港和物流中心。据资料统计，1998 年世界上距海洋 100 千米以内的地区，大约集中了全世界 60% 以上的人口。过半数的超百万人口的大城市都离海岸不足 100 千米。我国的情况也是如此，占全国国土面积 13.4% 的沿海地带，承载着全国 40.3% 的人口、50% 的大中城市和 60% 的国民生产总值。[1]

第三，海洋开发缓解了资源危机。随着世界人口的急剧增加，陆地资源显得越来越有限和稀缺，人类面临着资源危机。而海洋蕴藏的资源却比陆地丰富得多。如前所述，海洋具有极其丰富的生物资源、矿产资源等，还是丰富的深水宝库。如果海洋资源能够得到充分开发和利用就会大大地缓解人类资源危机。

第四，海洋开发促进了就业。海洋开发与利用形成了规模宏大的海洋产业群，吸引了大量的人员就业。以我国为例，我国海洋经济快速发展促进了沿海地区的劳动就业。根据 21 世纪初中国涉海就业情况调查结果，我国沿海地区有近十分之一的就业人员从事涉海行业，涉海就业人数已达 2 107.6 万人，涉及国民经济 16 个门类，165 个行业小类。

第五，海洋开发促进了国际贸易和文化交流。海洋不适合人类居住，但是在有了船舶、潜水器等运载工具之后，海水就成了一种交通介质。海洋把世界大多数国家和地区连接起来。海上航道是天赐之物，无需耗费巨资建造和维修就可以进行洲际运输和环球航行。在历史上，海洋是重要的国际交往与文化交流的通道，极大地促进了人类文明的进程。比如，郑和七下西洋不仅形成了独特的海上丝绸之路，而且加强了中国与周边国家和地区的交往与文化交流。

二、海洋开发对人类文明发展的影响

可以说，海洋与人类文明的形成与发展是密切相关的。海洋孕育了生命，孕育了人类，并不断推动人类文明的进步。从人类文明发展的历程看，远古时期的五大文明多数发祥于大河流域，只有爱琴文明发源地中海沿岸，深受海洋文化的影响，即深受人类开发利用海洋资源的生产实践活动的影响。其他四大文明（古巴比伦文明、古埃及文明、印度文明和中国文明）虽然发祥于江河流域，但在其形成与发展过程中并不能排除海洋文化的

---

[1]　杜碧兰：《21 世纪中国面临的海洋环境问题》，《海洋开发与管理》，1999 年第 4 期。

影响。

考古资料发现，在人类初期，某些来自海洋的物品如贝壳可以作为装饰品，甚至可以作为货币，这表明在人类文明或文化的形成过程中已经渗有海洋因素。在人类文明的发展过程中，可以说海洋对人类文明的进步做出了非常重要的贡献，这可以从地中海文明和大西洋文明中得到证明。在希腊、罗马奴隶制社会繁荣时期，地中海地区曾在人类文明史上大放异彩。以地中海为中心，古代希腊、罗马的文明曾影响到广大的周边地区，南至撒哈拉、东南至红海地区、东北至黑海地区、西出直布罗陀海峡、北至高卢与英国，时间长达几个世纪，因此，被人们称为"地中海时代"。古代希腊的雅典由于拥有曲折的海岸线和比利犹斯等良港，为其工商业的发展创造了有利的条件。公元前5世纪至公元前4世纪中叶，雅典的比利犹斯港是古代希腊最大的贸易集散地。这里有来自地中海各国的商船、说不同语言的商人；港内有旅馆、剧院、仓库、商品陈列室和银钱兑换所等设施。通过中介贸易，不仅商业奴隶主获得了巨利，雅典政府也抽得2%的关税。历史学家色诺芬在谈到雅典商业时说，雅典的航海贸易最使人向往，它有风平浪静的商港，还有到处可以通用的银币，所以它成了乃至世界上最大的商业中心。[①] 因此，可以说，盛极一时的地中海时代，创造了以古希腊、古罗马为代表的"地中海文明"和"地中海繁荣"，从而引发了欧洲的文艺复兴运动，使地中海沿岸地区最早产生了资本主义生产关系的萌芽。[②]

以大西洋为中心的近代资本主义文明是人类近代文明的突出代表，被称为"大西洋时代"。航海技术的进步、新航线的开辟是"大西洋时代"的发端。13世纪，中国的伟大发明——指南针，经阿拉伯人传入欧洲，到14世纪，欧洲人已普遍使用。15世纪，载重千吨的快速多桅帆船被制造出来，航海技术进步很快。同时，随着科学技术的发展和地理知识的进步，地圆学说在欧洲日益流行。这些都为新航线的开辟创造了条件。1492年8月3日，哥伦布率领88名水手，分乘3艘帆船，从西班牙南端的巴罗斯港出发，经过69天的艰苦航行，于10月12日，到达巴哈马群岛中的一个小岛。1493年3月16日，哥伦布返回西班牙。在此之后，哥伦布又三次西航至美洲，先后发现了牙买加、波多黎各、多米尼加等岛，并到过中美洲的洪都拉斯、巴拿马以及南美洲大陆北岸，为西班牙的殖民扩张打下了基础。继哥伦布等人的探险之后，葡萄牙人麦哲伦率领的船队经过3年时间的艰苦航行，成功地完成了人类历史上第一次环球航行，使地圆说得到了证实。虽然新航线的开辟带有资本原始积累时期掠夺、扩张、殖民的深刻烙印，但是新航线的开辟对欧洲的社会经济产生了巨大的影响，是人类文明史上的一个里程碑。新航线发现以后，欧洲商人的贸易范围迅速地扩大了，世界市场开始形成。欧洲和亚洲、非洲、美洲之间建立了直接的商业往来，原来局部的、孤立的地区，从此卷入了整个世界的经济体系。新航线的开辟，也使

① 王诗成：《龙，将从海上腾飞——21世纪海洋战略构想》，青岛海洋大学出版社，1997年，第72~73页。

② 王诗成：《龙，将从海上腾飞——21世纪海洋战略构想》，青岛海洋大学出版社，1997年，第1~2页。

世界的主要商路从地中海转移到了大西洋沿岸，使大西洋沿岸的许多城市成了世界贸易的中心，同时，也使近代资本主义社会中的一些经济机构如证券交易所、股份公司、航运公司等逐渐发展起来。[①]

所以说，随着航海和造船技术的进步以及指南针的应用，欧洲冒险家开始了新大陆、新航线的探索，世界的主要商路从地中海转移到了大西洋，使大西洋沿岸地区成为新的商贸和经济中心。这给欧洲商业贸易带来了空前的繁荣，为欧洲工业革命的兴起创造了充分的条件，促进了资本主义生产关系的形成与发展，在人类历史上，创造了"大西洋文明"和"大西洋繁荣"。[②] 海洋交通的大突破形成世纪市场和全球性的联系，引爆商业革命、价格革命和工业革命，导致从传统到现代的社会变迁。[③]

有人在 20 世纪就预言：21 世纪将是海洋世纪，也必将是太平洋世纪。20 世纪 80 年代以来，随着亚太地区经济发展步伐的加快，世界经济的重心开始由大西洋地区向太平洋地区转移。作为人口最多、市场最大的太平洋沿岸地区日前显示出巨大的潜力，并正在成为世界繁荣的经济贸易中心。[④] 伴随着人类海洋开发的不断深入和拓展，人类必将创造另一场繁荣和另一个新的文明。

第五节　海洋开发中的社会问题

一、海洋开发自身的问题

在探讨我国关于海洋开发的社会问题之前，有必要先了解海洋开发本身存在的一些问题。近几年来，虽然我国在海洋资源开发利用方面取得了很大进展，海洋经济发展速度很快，但在海洋资源开发利用上，仍存在着一系列的问题[⑤]。

（1）海洋资源调查不够深入，过去虽然进行了大量的资源调查工作，但其深度和广度仍然不够高，还需要进一步有重点、有计划地进行大量调查研究。

（2）海洋资源开发利用程度低，目前我国海洋开发利用面积仅占总面积的 40%，且单位面积的产量和产值都很低。

（3）海洋资源开发利用差异大，该差异主要表现在资源的空间分布和资源种类上，总体来说，东南沿海资源开发水平较北方沿海为高，海洋水产业在海洋资源开发中占比重非常大（59% 以上）。

①　王诗成：《龙，将从海上腾飞——21 世纪海洋战略构想》，青岛海洋大学出版社，1997 年，第 73～74 页。
②　王诗成：《龙，将从海上腾飞——21 世纪海洋战略构想》，青岛海洋大学出版社，1997 年，第 1～2 页。
③　杨国桢：《论海洋人文社会科学的概念磨合》，《厦门大学学报（哲学社会科学版）》，2000 年第 1 期。
④　王诗成：《龙，将从海上腾飞——21 世纪海洋战略构想》，青岛海洋大学出版社，1997 年，第 2 页。
⑤　朱晓东等：《海洋资源概论》，高等教育出版社，2005 年，第 75 页。

（4）海洋产业规模小且不合理，目前我国海洋资源产业产值在世界海洋总产值中所占比重不到1%，且海洋产业结构很不合理，传统产业与新兴产业的比例约为4:1，仍然停留在传统产业为主导的阶段。

（5）缺乏技术和人才，我国海洋科技总体水平不高，人才储备严重不足，技术水平大体上落后于世界先进水平10～15年。

（6）海洋管理混乱，我国目前的海洋管理往往是各自为政，没有使用意识和大局观念，一些管理者目光短浅，既浪费了人力、物力和财力，又造成了资源的损失破坏和海洋环境污染，近海海域水质恶化日趋明显。

（7）缺乏统筹规划，沿海港口工程的规划，缺乏详细论证和环境评价，导致港口管理混乱，效益低下，甚至有的港口严重淤塞，制约了沿海经济的发展。

二、与海洋开发相关的社会问题

除了海洋资源开发利用本身存在着一系列的问题，不合理的海洋开发还造成了一定的社会问题，影响了海洋与社会的协调发展，进而影响了沿海地区的和谐发展。

在社会学中，所谓的社会问题是指社会中被多数人认为是不合需要或不能容忍的事件或情况，而需要运用社会群体的力量加以解决的问题。社会问题不是少数人或个别人遇到的问题，而是一定范围内大多数人遇到的问题。这种问题的出现给大多数人的正常生活带来不利影响，因而是人们所不希望的社会状态，对于社会进步来说是一种消极现象。同时，由于这一问题影响广泛，所以它也不是只靠少数人所能解决的，而需要动用多种社会力量来解决。① 根据上述关于社会问题的界定，所谓的海洋开发的社会问题就是指围绕海洋开发所出现的影响广泛、需要运用全体社会力量来加以解决的、影响沿海地区社会进步和和谐发展的一系列问题。

关于海洋开发的社会问题，归纳起来主要体现在以下几个方面。

（一）沿海地区人口和城市化问题

在海洋开发的影响下，沿海地区日益发展起来，往往成为经济与社会都比较发达的地区之一，从而吸引了大量人口，于是出现了人口趋海现象。目前，全世界总人口中已有60%的人口生活在距海岸线100千米之内的区域内，有专家预测，到21世纪中叶，生活在沿海地区的人口将占全球总人口的75%。我国的情况虽然没有达到全球的平均程度，但人口趋海的趋势也是比较明显的，到目前为止，国内生活在沿海地区的人口（仅指户籍人口，不包括流动人口在内）约占全国人口的40%（不含港澳台地区），而且沿海地区人口的密度已经很大。

大量人口拥入沿海地区，使得人与自然环境的关系和人与人之间的关系出现了不协调

---

① 王思斌：《社会学教程》，北京大学出版社，2003年第二版，第243页。

甚至严重失调的现象，于是出现了特定的人口城市化问题。沿海地区的人口膨胀与城市化问题虽然是两个问题，但是它们之间联系紧密，大致表现为以下几个方面。

第一，人口密度过大。目前我国沿海地区陆地面积约占全面土地面积的13%，但人口却占全国的40%以上，由此可见，沿海地区的人口密度远大于全国平均人口密度，其密度是一些人口较少地区的几倍，甚至是十几倍或几十倍。人口密度过大会导致很多城市化问题，比如土地资源的紧张，从而使得耕地、住房等问题更为突出。人口密度过大也会加大对交通、教育、医疗等基础设施的需求，从而出现坐车难、上学难、看病难等问题。

第二，流动人口过多问题。据有关资料显示，全国有流动人口近2亿人，其中农民工就超过了1亿多人，这些流动人口中的绝大部分集中在东部沿海地区。流动人口过多会给城市建设和城市管理带来一系列的问题，如就业、教育、医疗和治安等问题。

第三，人口老龄化问题。目前我国已成为人口老龄化的国家，东部沿海地区居民的人口老龄化程度要远高于中西部地区，像上海、青岛等城市居民人口老龄化的程度是非常高的。人口老龄化对经济与社会的发展都会带来一系列的影响，需要制定有效的解决对策。

第四，渔业人口的转产专业问题。海洋渔业一直是我国的海洋传统产业之一，是吸纳就业人口最多的海洋产业。但受环境污染（包括城市环境污染的影响）、生态破坏和国际环境变化以及城市化过程的影响，我国传统海洋渔业人口呈不断下降的趋势，一部分渔民处在转产转业的过程中，而且在这一过程中渔民的收入也有所下降。因此，处理好这个过程中产生的问题，对于维护社会稳定和海洋与社会协调发展都有深远意义。

总的来说，沿海地区人口和城市化问题是联系在一起的，一些人口问题导致了城市问题，一些城市化问题又作用于人口问题。本书将在第三、第四章对此做详细介绍。

（二）海洋产业结构转型以及相关利益群体冲突问题

海洋产业结构的转型可以说是海洋开发和经济社会不断发展的必然趋势。如前所述，在21世纪，海洋产业将发生重大调整，即海洋第一产业（海洋养殖与捕捞）所占比例将大幅度下降，海洋第二产业（海洋油气业、海盐业、滨海砂矿业）所占比例在有一定幅度提高之后将保持相对稳定，而海洋第三产业（海洋交通运输业和滨海旅游娱乐业）所占比例将会大幅度上升。海洋产业结构的转型对于传统海洋产业结构来说是一次挑战和机遇，在这个过程中各种相关社会问题涌现，直接关系到产业结构转型的发展方向。

而伴随着海洋产业结构转型的同时（第一产业的所占比例和从业人员下降，第三产业的所占比例和从业人员增加），也是相关利益群体冲突的过程，比如"三渔问题"中关于渔民转产转业困难，有学者从渔民素质的角度分析了渔民就业与再就业的难度和形势与国内外不同的转产转业实践模式，认为渔民观念、渔业沉淀成本、用工不规范、劳动力素质低、政府投入不足等造成了渔民就业与再就业的困难。[1]

---

① 任淑华：《渔民素质与再就业工程》，海洋出版社，2006年版。

由此可见，海洋产业结构转型以及相关利益群体的冲突问题的重要性不言而喻。处理好海洋开发过程中海洋产业结构转型以及相关利益群体的冲突问题不仅对于海洋与社会协调发展意义非凡，也是建设和谐海洋的要求，还是海洋开发可持续发展的保证。

（三）沿海地区城乡和区域发展不平衡问题

城乡二元的经济结构、快速的城市化等因素，使得城乡之间的发展差距越来越大。无论从城乡经济状况对比，还是从城乡人口的收入状况对比中，尤其是后者不难看出沿海地区城乡发展的不平衡。沿海城乡收入与消费差距不断拉大，北京、山东、江苏、浙江、广东等省的城乡居民收入比，1988 年为 1.66:1、1.26:1、1.51:1、1.76:1 和 1.96:1，2005 年则分别为 2.4:1、2.70:1、2.33:1、2.45:1 和 3.15:1。城乡医疗保健、文教娱乐、家庭设备、交通通信的消费水平差距均在 3 倍以上。[①]

沿海地区应该说是我国经济社会发展最快和最发达的地区，但是不可否认的是沿海地区区域发展也是不平衡的。如果按照本书把沿海地区分为环渤海、长江三角洲、珠江三角洲、海峡西岸、北部湾 5 个经济区，通过它们之间的各项数据（经济总量、人均 GDP、城镇居民收入、农村居民收入、对外贸易、利用外资等）对比，就不难发现其中的差距。

城市化是我国现代化建设的必然过程，但城市化不应成为农村经济社会发展的终极目标。转变城乡二元结构，实现城乡一体化发展，才是推进新农村建设和统筹城乡协调发展的长远目标。同样，实现沿海区域之间的协调发展也是作为统筹区域发展的重要内容和目标。然而，要改变沿海地区城乡发展和区域发展之间的不平衡现状，需要各种努力，包括深化改革、加强沿海城乡之间和区域之间协调发展等。

（四）海洋开发造成了比较严重的环境问题

改革开放以来，我国沿海地区经济发展迅猛，海洋经济也以年均20%以上的速度在增长，但与此同时，我国海洋环境也发生了巨大的变化。国家海洋局从 1989 年开始每年公布《中国海洋灾害公报》，该《公报》除了风暴潮、海浪、海冰等内容外，还把与海洋环境问题有关的赤潮、溢油等内容看作海洋灾害包括在内。从 2000 年开始国家海洋局每年又公布《中国海洋环境质量公报》，全面介绍中国海洋环境质量状况。我们可以根据历年的《中国海洋灾害公报》和《中国海洋环境质量公报》对我国改革开放以来的海洋环境变迁情况做大致了解。

根据历年的《中国海洋灾害公报》和《中国海洋环境质量公报》，我们会发现，改革开放以来我国海洋环境变迁的最大特征是海洋环境问题越来越严重，这有两个方面：一是海洋污染越来越严重；二是海洋生态环境遭到严重破坏。

所谓海洋污染是指"人类直接或间接地把物质或能量引入海洋环境（包括河口），因

---

① 刘彦随、卢艳霞：《中国沿海地区城乡发展态势与土地利用优化研究》，《重庆工业大学学报》，2007 年第 3 期。

而造成影响损害海洋生物资源、危害人类健康、妨碍捕鱼等海洋活动、破坏海水的正常使用和降低海洋环境优美程度等有害影响"。海洋污染的最直接表现就是海水质量的下降，其最具代表性的指标就是赤潮的发生及其发生次数的增加、发生面积的扩大、造成损失的上升。国家海洋局历年公布的《中国海洋灾害公报》显示（表2-5），改革开放以来我国四大海域均发生过赤潮，而且赤潮的次数呈上升的趋势，同时持续的时间越来越长、发生的面积越来越大、所造成的损失也越来越大。

表2-5   2007—2012年我国各海域的赤潮情况

年份	次数					面积（平方千米）	经济损失
	合计	渤海	黄海	东海	南海		
2007	82	7	5	60	10	11 610	直接经济损失600万元
2008	68	1	12	47	8	13 738	0.02亿元
2009	68	4	13	43	8	14 102	0.65亿元
2010	69	7	9	39	14	10 892	2.06亿元
2011	55	13	8	23	11	6 076	直接经济损失325万元
2012	73	8	11	38	16	7 971	20.15亿元

资料来源：国家海洋局历年的《中国海洋灾害公报》，国家海洋局网站。

海洋环境问题的另一个重要现象——海洋生态破坏自改革开放以来也呈越来越严重的趋势。在国家海洋局公布的《中国海洋环境质量公报》中用健康、亚健康和不健康[1]三个等级来监测全国海洋生态基本情况（见表2-6）。2009年国家海洋局监控了18个海洋生态区，其中呈健康状况的有3个，呈亚健康状况的有10个，呈不健康状况的有5个，呈不健康和亚健康的海洋生态区已经占到所有监控区的83.33%。

---

[1] 海洋生态健康状况：指生态系统保持其自然属性，维持生物多样性和关键生态过程稳定并持续发挥其服务功能的能力。近岸海洋生态系统的健康状况评价依据海湾、河口、滨海湿地、珊瑚礁、红树林、海草床等不同生态系统的主要服务功能、结构现状、环境质量及生态压力指标。海洋生态系统的健康状况分为健康、亚健康和不健康三个级别，按以下标准予以评价。

健康：生态系统保持其自然属性。生物多样性及生态系统结构基本稳定，生态系统主要服务功能正常发挥；环境污染、人为破坏、资源的不合理开发等生态压力在生态系统的承载能力范围内。

亚健康：生态系统基本维持其自然属性。生物多样性及生态系统结构发生一定程度变化，但生态系统主要服务功能尚能发挥。环境污染、人为破坏、资源的不合理开发等生态压力超出生态系统的承载能力。

不健康：生态系统自然属性明显改变。生物多样性及生态系统结构发生较大程度变化，生态系统主要服务功能严重退化或丧失。环境污染、人为破坏、资源的不合理开发等生态压力超出生态系统的承载能力。生态系统在短期内无法恢复。

表 2 - 6　2009 年全国海洋生态监控区基本情况

生态监控区	所在地	面积（平方千米）	主要生态系统类型	健康状况	年际变化趋势
双台子河口	辽宁省	3 000	河口	亚健康	基本稳定
锦州湾*	辽宁省	650	海湾	不健康	——
滦河口 - 北戴河	河北省	900	河口	亚健康	略有好转
渤海湾	天津市	3 000	海湾	不健康	略有好转
莱州湾	山东省	3 770	海湾	不健康	基本稳定
黄河口	山东省	2 600	河口	亚健康	基本稳定
苏北浅滩	江苏省	3 090	湿地	亚健康	基本稳定
长江口	上海市	13 668	河口	亚健康	略有好转
杭州湾	浙江省	5 000	海湾	不健康	基本稳定
乐清湾	浙江省	464	海湾	亚健康	基本稳定
闽东沿岸	福建省	5 063	海湾	亚健康	基本稳定
大亚湾	广东省	1 200	海湾	亚健康	略有下降
珠江口	广东省	3 980	河口	不健康	基本稳定
雷州半岛西南沿岸	广东省	1 150	珊瑚礁	亚健康	略有下降
广西北海	广西壮族自治区	120	珊瑚礁、红树林、海草床	健康	基本稳定
北仑河口*	广西壮族自治区	150	红树林	健康	—
海南东海岸	海南省	3 750	珊瑚礁、海草床	健康	基本稳定
西沙珊瑚礁*	海南省	400	珊瑚礁	亚健康	—

注：＊为 2009 年新增生态监控区。

资料来源：国家海洋局《2009 年中国海洋环境质量公报》，国家海洋局网站。

　　我们可以发现，改革开放以来我国海洋环境变迁的基本状况是：海洋污染越来越严重，海洋生态遭受严重的破坏，即海洋环境问题越来越突出。应该说，海洋环境问题既是生态环境问题同时也是社会问题，它有碍于进一步的海洋开发，也不利于海洋和社会的协调发展，因而需要在思想上引起足够的重视并在实践中不断解决海洋环境问题。

　　总之，海洋开发为沿海地区带来了巨大的经济和社会效益，但也伴随着大量社会问题的诞生。处理好这些社会问题，是真正实现海洋和社会协调发展的前提条件。只有这样，建设和谐海洋才有可能。

第三章　沿海地区人口的协调发展

海洋大开发为沿海地区带来了巨大的经济效益，推动了整个沿海地区的社会全面发展。但是，由于各种原因，一系列社会问题也伴随着发展而产生。其中，最显著的就是由于人口趋海所导致的各种人口问题，如沿海地区人口膨胀问题、大量人口流动所带来的社会治安和交通等问题。在以人为本的科学发展观的指导下，如何使沿海地区人口协调发展，就成为海洋开发和社会协调发展的重中之重。本章将重点讨论这一问题。

第一节　人口的协调发展

一、人口问题与人口的协调发展

人口是在一定时间、一定地域、一定社会制度下，具有一定数量和质量的有生命的个人的社会群体。人口的两个基本要素是人口数量和人口质量。所谓人口数量，是指一定时间、一定地域范围内所有有生命活动的个人的总数；而人口质量是指在一定的社会生产力、一定的社会制度下，人们所具备的思想道德、科学文化和劳动技能以及身体素质水平等（包括人口密度、性别比例、受教育程度、年龄比例等）。

作为主要社会问题之一的人口问题，其实就是这两个要素及其相互关系与社会其他要素所形成的一种不和谐状态。所谓人口问题，是指人口的数量、质量以及人口结构等要素与人类的物质资料生产和社会的良性运行及发展不和谐、不相称的现象。人口问题主要体现在 3 个方面：① 人口数量方面，表现为人口过快增长，人口规模迅速膨胀，引起人们常说的"人口爆炸"问题；② 在素质方面，表现为人口中未受教育或受教育水平较低的人数偏多、健康状况不好或受疾病困扰的人较多；③ 在人口结构方面，表现为人口的年龄结构、性别结构、职业结构、城乡结构、文化结构等，与物质生产、社会生活以及人类社会可持续发展不相协调。[①]

人口问题会严重地影响到一个社会的正常秩序和长远发展。马尔萨斯（T. Malthus）的观点虽然遭受到了许多批判，但是，不可否认，马尔萨斯人口论至少向人们警示了人口的过度增长的可能性，以及这个可能性所带来的社会危害。人口的

---

① 郑杭生主编：《社会学概论新修》（第三版），中国人民大学出版社，2002 年，第 368 页。

协调发展就成为人类维持相对稳定的秩序和保持持续发展所要求的必然目标。

人口的协调发展是相对于人口问题而言，它是指人口数量、质量以及人口结构等要素与社会其他相关要素之间的和谐及相称现象。因此，人口的协调发展也同样表现为3个方面，即人口数量的适度、人口质量的平衡和人口结构的和谐。

二、我国的人口现状

众所周知，我国是一个人口大国，人口增长一直呈上升趋势。虽然近些年来人口的增长趋势逐渐趋缓，但是，据最新的统计资料显示，人口总数已经接近14亿人，将近占世界总人口的1/4。另外，因为历史和经济发展水平等原因，人口的整体素质有待提高，人口结构也存在许多不和谐之处。这些问题仍然严重地困扰着我国的经济社会发展，需要采取进一步的措施来调整。

（一）人口数量概况

庞大的人口数量一直是中国国情最显著的特点之一。虽然中国已经进入了低生育率国家行列，但由于人口增长的惯性作用，当前和今后十几年，中国人口仍将以年均800万～1 000万人的速度增长。按照目前总和生育率1.8倍预测，2010年和2020年，中国人口总量将分别达到13.7亿人和14.6亿人；人口总量高峰将出现在2033年前后，达15亿人左右。表3－1反映的是近些年来我国的人口数量变化，从中可以看到，人口呈不断上升的状态。

表3－1　1978—2012年我国人口数量基本状况统计　　　　单位：亿人

年份	1978	1980	1985	1990	1995	2000	2005	2007	2009	2012
人数	9.6	9.8	10.5	11.4	12.1	12.6	13.1	13.2	13.3	13.5

资料来源：中华人民共和国国家统计局编，《中国统计年鉴2013》，中国统计出版社，2013年9月。

通过表3－1我们可以看到，在1978年以前我国的人口总数已经很庞大了。从1978年实施计划生育基本国策开始一直到20世纪末，尽管我国的计划生育政策已经深入人心，人口增长比例大幅度下降，但是，由于人口基数过大，每年人口增长的绝对数还是非常庞大的，一直到了21世纪人口的增长速度才真正缓慢下来。必须注意的是如此庞大的人口数量对中国经济社会发展产生多方面影响，在给经济社会的发展提供了丰富的劳动力资源的同时，也给经济发展、社会进步、资源利用、环境保护等诸多方面带来沉重的压力。尤其是在我国逐渐重视人口质量的状况下，人口数量过大和提高人口质量已经成为目前我国人口问题中的主要矛盾。

（二）人口质量与人口结构概况

就目前我国人口的现状来讲，不仅仅是数量上发生了很大的变化，质量上的变化也是很明显的。表3－2和表3－3分别从年龄结构、性别比、受教育程度这3个方面反映了我国人口质量的变化状况。

表3－2　2012年不同年龄段的人口数及性别比

年龄 （岁）	人口数 （人）	男 （人）	女 （人）	占总人口比重 （％）	男	女	性别比 （女＝100）
总计	1 124 661	576 354	548 307	100.00	51.25	48.75	105.12
0～4	63 981	34 694	29 287	5.69	3.08	2.60	118.46
5～9	61 309	33 252	28 057	5.45	2.96	2.49	128.52
10～14	59 845	32 370	27 475	5.32	2.88	2.44	117.82
15～19	73 914	38 909	35 005	6.57	3.46	3.11	111.15
20～24	101 742	52 033	49 709	9.05	4.63	4.42	104.68
25～29	89 936	45 257	44 679	8.00	4.02	3.97	101.29
30～34	83 586	42 539	41 047	7.43	3.78	3.65	103.64
35～39	89 054	45 542	43 530	7.92	4.05	3.87	104.58
40～44	107 532	54 913	52 620	9.56	4.88	4.68	104.36
45～49	99 312	50 563	48 748	8.83	4.50	4.33	103.72
50～54	61 916	31 554	30 362	5.51	2.81	2.70	103.93
55～59	71 403	36 136	35 267	6.35	3.21	3.14	102.46
60～64	55 427	27 928	27 499	4.93	2.48	2.45	101.56
65～69	37 579	18 728	18 851	3.34	1.67	1.68	99.35
70～74	28 225	13 991	14 234	2.51	1.24	1.27	98.30
75～79	21 250	10 125	11 126	1.89	0.90	0.99	91.00
80～84	12 147	5 428	6 719	1.08	0.48	0.60	80.79
85～89	4 780	1 859	2 921	0.42	0.17	0.26	63.64
90～94	1 439	484	955	0.13	0.04	0.08	50.63
95＋	283	66	217	0.03	0.01	0.02	30.12

注：本表是2012年全国人口变动情况抽样调查样本数据，抽样比为0.831‰。由于各地区数据采用加权汇总的方法，全国人口变动情况抽样调查样本数据合计与各分项相加略有误差。

资料来源：中华人民共和国国家统计局编，《中国统计年鉴2013》，中国统计出版社，2013年9月。

2012年，我国15～59岁（含不满60周岁）劳动年龄人口93 727万人，比2011年末减少 345 万人，占总人口的 69.2%，下降 0.60 个百分点；而 60 周岁以上人口 19 390 万人，占总人口的 14.3%，比 2011 年末提高了 0.59 个百分点。① 劳动人口的持续减少和老龄人口的持续增加，对于社会的财富积累和养老负担都会产生重要影响，也将对政府职能提出艰巨的考验。而且我们还应该看到，高龄人口女性所占的比重要比男性大很多，反映出我国女性的寿命要普遍长于男性。无论是年龄结构轻或者老龄化，还是性别比例失调，都将增加社会负担，影响经济发展，给环境造成压力。尤其是在我国经济不很发达的情况下，将更加复杂和困难。

此外，要促进我国人口的协调发展，还应当全面提高我国人口的素质。但是目前我国人口的普遍受教育程度来说还是偏低的。表 3-3 反映的是 2012 年全国各地区按性别和受教育程度进行统计的人口。

表 3-3　2012 年全国及各地 6 岁及以上人口的受教育程度　　　单位：人

地区	6 岁及以上人口	未上过学	小　学	初　中	高　中	大专及以上
全国	1 047 865	55 454	281 681	430 799	168 941	110 990
北京	16 447	271	1 627	4 746	3 659	6 143
天津	11 175	297	1 885	3 990	2 450	2 553
河北	55 844	2 383	13 858	28 314	8 059	3 232
山西	28 388	810	6 039	13 065	5 766	2 707
内蒙古	19 598	863	4 794	8 209	3 369	2 364
辽宁	35 238	908	7 069	15 616	5 127	6 519
吉林	21 799	480	5 340	9 955	4 069	1 955
黑龙江	30 608	873	7 476	14 154	5 013	3 093
上海	19 034	466	2 403	7 728	4 046	4 392
江苏	62 230	3 492	14 701	24 602	11 062	8 373
浙江	43 285	2 383	11 640	16 056	6 733	6 473
安徽	46 039	3 700	13 071	18 814	5 733	4 721
福建	28 931	1 606	9 231	11 267	4 565	2 262
江西	34 348	1 350	10 233	13 805	6 114	2 846
山东	75 422	4 933	19 465	32 127	11 530	7 367
河南	72 042	3 958	17 865	34 963	10 457	4 798

① 中华人民共和国 2012 年国民经济和社会发展统计公报，http://www.stats.gov.cn/tjsj/tjgb/ndtjgb/qgndtjgb/201302/t20130221_30027.html。

地区	6岁及以上人口	未上过学	小　学	初　中	高　中	大专及以上
湖北	45 109	2 697	10 585	17 468	8 844	5 514
湖南	51 099	2 338	15 225	21 041	8 746	3 749
广东	82 228	2 479	18 921	35 639	17 162	8 027
广西	35 185	1 433	12 085	15 085	4 302	2 281
海南	6 773	312	1 518	3 082	1 167	694
重庆	23 049	1 240	7 865	8 224	3 241	2 299
四川	63 113	4 353	20 810	23 404	8 289	6 258
贵州	26 638	3 040	9 841	9 289	2 720	1 749
云南	36 013	3 009	14 876	11 290	4 401	2 438
西藏	2 332	800	1 001	312	119	99
陕西	29 505	1 576	6 841	12 385	5 552	3 150
甘肃	20 108	1 774	6 796	6 639	3 109	1 790
青海	4 414	639	1 613	1 242	497	423
宁夏	4 961	363	1 644	1 871	631	452
新疆	16 910	629	5 362	6 418	2 229	2 272

注：本表是 2012 年全国人口变动情况抽样调查样本数据，抽样比为 0.831‰。由于各地区数据采用加权汇总的方法，全国人口变动情况抽样调查样本数据合计与各分项相加略有误差。

资料来源：中华人民共和国国家统计局编，《中国统计年鉴 2013》，中国统计出版社，2013 年 9 月。

　　通过表 3-3 的抽样调查我们可以看到，目前我国人口总体科学文化素质水平不高，尤其是在比较偏远的中西部地区更加让人堪忧。而且就全国总的状况来说，受过高等教育的人才依然不多，从侧面反映出九年义务教育没有深入人心。所以，教育问题应该是我国目前发展的重中之重。与此同时，国家还应该降低教育的门槛，特别是高等学府应该对偏远地区的孩子有一定的扶持措施。只有全面提高国民素质，才有可能实现我国人口的协调发展。

　　通过上面 3 个统计表格中的数据，我们可以看到近些年来我国人口不仅仅在数量上发生了变化，素质上的变化也是有目共睹的。虽然人口数量的过快增长得到了一定的控制，人口素质也在多方面得到了提升，但是，由于历史原因和区位差异，全国各地经济发展不平衡，这也导致人口结构失衡问题的产生，即人口分布状态是很不均匀的。

　　就目前我国的人口分布状态来说，总的特点是：东部多，西部少；平原、盆地多，山地、高原少；农业地区多，林牧业地区少；温湿地区多，干旱地区少；开发早的地区多，开发迟的地区少；沿江、海、交通线的地区多，交通不便的地区少。特别是近些年来，伴随着改革开放的推进以及国家政策的大力扶植，沿海地区的经济得到了迅速发展的同时，人口迅猛膨胀。事实经验已经表明，如果任其发展下去，不仅仅会影响到沿海地区的长远利益，还会影响东中西部的协调发展。因此，如何使沿海地区人口协调发展不仅是沿海地区的当务之急，也是全国整体和谐发展的要求。

三、我国沿海地区的人口现状

（一）沿海地区人口的划分单位

依照《中国海洋统计年鉴》的划分方法，本节将从 3 个层次划分我国沿海行政区域，即沿海省区（包括直辖市）、沿海城市和沿海县（市、区）。并在此基础上对我国沿海地区人口状况进行分层次探讨。

首先是沿海省、自治区、直辖市，包括河北省、辽宁省、江苏省、浙江省、福建省、山东省、广东省、广西壮族自治区、海南省，以及天津、上海两个直辖市，共 11 个。

其次是沿海城市，包括天津市，河北的唐山、秦皇岛、沧州 3 个，辽宁的大连、丹东、锦州、营口、盘锦、葫芦岛 6 个，上海市，江苏的南通、连云港、盐城 3 个，浙江的杭州、宁波、温州、绍兴、舟山、台州 6 个，福建的福州、厦门、莆田、泉州、漳州、宁德 6 个，山东的青岛、东营、烟台、潍坊、威海、日照、滨州 7 个，广东的广州、深圳、珠海、汕头、江门、湛江、茂名、惠州、阳江、东莞、中山、汕尾、潮州、揭阳 14 个，广西的北海、防城港、钦州 3 个，海南的海口、三亚、洋浦 3 个，共 53 个沿海城市。

再次是沿海县（包括县级市、区和县），包括天津的塘沽、大港、汉沽 3 个，河北的黄骅、丰南、滦南、乐亭等 8 个，辽宁的兴城、东港、庄河、长海等 11 个，上海的宝山、金山、崇明、浦东等 6 个，江苏的海门、启东、东台、通州等 14 个，浙江的余姚、慈溪、瑞安、象山、宁海等 22 个，福建的福安、晋江、连江、罗源等 19 个，山东的胶州、即墨、垦利、广饶等 20 个，广东的台山、廉江、南澳、遂溪等 21 个，广西的东兴、合浦 2 个，海南的琼海、琼山、澄迈、临高等 11 个，共 137 个沿海县。

（二）沿海地区人口现状

海洋开发使中国的沿海地区成为经济、社会和文化最发达，人口最稠密的地区。目前中国沿海地区以 15% 的土地，承载了 40% 以上的人口，创造了 60% 以上的国民生产总值。沿海地区优美的自然环境、突出的地理优势和高度发达的经济吸引着大量人口不断往沿海地区流动。

1. 人口数量概况：增长过快

我国沿海 11 个省市区 1998—2012 年的人口状况如表 3 - 4 所示，从表中可以看出从1998 年至 2012 年这几年间沿海省市人口一直呈递增趋势，1998 年年底我国沿海 11 省市人口共 49 493 万人，约占全国总人口的 40%，到 2012 年年底我国沿海 11 省市人口共 58 463 万人，约占全国总人口的 43%，比 1998 年增加了 8 970 万人，增长了 18.1%。

表 3 - 4 1998—2012 年沿海各省地区人口数量变迁情况　　　　　单位：万人

年份	1998	2000	2002	2004	2006	2008	2010	2012
天津	957	1 001	1 007	1 024	1 075	1 176	1 299	1 413
河北	6 569	6 674	6 735	6 809	6 898	6 989	7 194	7 288
辽宁	4 157	4 184	4 203	4 217	4 271	4 315	4 375	4 389
上海	1 464	1 609	1 713	1 835	1 964	2 141	2 303	2 380
江苏	7 182	7 327	7 406	7 523	7 656	7 762	7 869	7 920
浙江	4 456	4 680	4 776	4 925	5 072	5 212	5 447	5 477
福建	3 299	3 410	3 467	3 529	3 585	3 639	3 693	3 748
山东	8 838	8 998	9 082	9 180	9 309	9 417	9 588	9 685
广东	7 143	8 650	8 842	9 111	9 442	9 893	10 441	10 594
广西	4 675	4 751	4 822	4 889	4 719	4 816	4 610	4 682
海南	753	789	803	818	836	854	869	887
总计	49 493	52 073	52 856	53 860	54 827	56 214	57 688	58 463

资料来源：《中国统计年鉴1999》、《中国统计年鉴2011》、《中国统计年鉴2012》、《中国统计年鉴2013》。

以上从总体上分析了我国沿海省市区 1998—2012 年的人口分布和变动情况，是人口在数量上的变化。与此同时，伴随着大量人口迁入和流动至沿海地区，人口的结构（包括年龄构成、性别比例、受教育程度、人口密度等）在很大程度上也发生着巨大的改变。

2. 人口素质及人口结构概况：结构性失调

根据我国沿海 11 省区 2012 年人口的年龄构成（见表 3 - 5），我们可以看出，截至 2012 年年底，我国沿海 11 个省市 65 岁及以上的老年人口总共 45 323 千人，约占沿海人口总数的 9.3%，将近 1/10，老年人口的比重比较大。而且这种人口结构性失调表现在两个方面：一方面是经济越发达的地区，老龄化就越严重。上海、浙江和江苏这 3 个长江三角洲最发达的地区，老年人口的抚养率都要高于其他地区和全国平均水平；另一方面是流动人口越多的地区，结构性失调就越大。其中最典型的就是全国流动人口最多的广东省，在 30.47% 的总抚养比中，老人的抚养比占总抚养比的 1/3。这也就是说，目前广东青壮年人口过多，那么，一旦这些人年老时，那么该地区的老龄化所带来的影响是无法估量的。只是人们常常只看到目前的老龄化，而忽视了未来老龄化所带来的影响。作为一种发展趋势，老龄化更多的是为未来中国的持续发展可能带来的影响。在以青壮年为主体的沿海地区，更应该重视这个未来 20 年左右就会出现的现象。

表 3 - 5　2012 年沿海各省市区人口年龄构成和抚养比　　　　　　单位：千人

	人口总数	0～14 岁	15～64 岁	65 岁及以上	总抚养比（％）	老年人口抚养比（％）
全国	1 124 661	185 135	833 822	105 704	34.88	12.68
天津	11 791	1 383	9 175	1 233	28.52	13.44
河北	60 806	10 912	44 366	5 529	37.06	12.46
辽宁	36 621	3 802	29 181	3 639	25.50	12.47
上海	19 862	1 681	16 391	1 790	21.18	10.92
江苏	66 083	8 701	49 786	7 597	32.73	15.26
浙江	45 700	5 638	36 063	3 998	26.72	11.09
福建	31 273	5 229	23 357	2 687	33.89	11.50
山东	80 810	13 041	59 273	8 496	36.33	14.33
广东	88 395	14 471	67 753	6 172	30.47	9.11
广西	39 066	8 824	26 598	3 644	46.87	13.70
海南	7 397	1 412	5 446	538	35.82	9.89

注：本表是 2012 年全国人口变动情况抽样调查样本数据，抽样比为 0.831‰。

资料来源：中华人民共和国国家统计局编，《中国统计年鉴 2013》，中国统计出版社，2013 年 9 月。

此外，我国沿海地区的性别构成状况（表 3 - 6）也有其特点，截至 2012 年年底，我国沿海 11 省市男性人口共 249 365 千人，约占沿海省区人口总数的 51.1％，而女性人口总数为 238 440 千人，约占沿海省区总人口的 48.9％。男性人口数量整体比重比女性要高，仅从各地区的性别比也可以看出男性人口数量普遍多于女性。但是，相比于全国其他地区的性别比来说，沿海地区的性别比失调要轻缓些。然而，沿海地区的性别差异在文化程度上却体现得更大，这导致了沿海地区尤其是沿海大城市中青壮年普遍晚婚甚至单身高龄女青年增多的现象愈演愈烈。

表 3 - 6　2012 年沿海各省市区性别构成及性别比　　　　　　单位：千人

	人口数	男	女	性别比（女 = 100）
天津	11 791	5 854	5 937	98.61
河北	60 806	31 087	29 719	104.60
辽宁	36 621	18 359	18 263	100.53
上海	19 862	10 349	9 513	108.78
江苏	66 083	32 859	33 225	98.90

续表

	人口数	男	女	性别比（女＝100）
浙江	45 700	23 361	22 338	104.58
福建	31 273	15 783	15 490	101.89
山东	80 810	40 832	39 978	102.14
广东	88 395	46 688	41 707	111.94
广西	39 066	20 259	18 807	107.72
海南	7 397	3 934	3 463	113.60
总计	487 804	249 365	238 440	

注：本表是 2012 年全国人口变动情况抽样调查样本数据，抽样比为 0.831‰。

资料来源：中华人民共和国国家统计局编，《中国统计年鉴2013》，中国统计出版社，2013 年 9 月。

同时，人口的受教育程度是关系人口素质的重要方面，因此分析沿海地区人口的受教育状况对沿海地区人口发展有重要意义。2012 年我国沿海地区人口受教育程度状况（表 3-7）表明，未上过学的人口总数为 20 692 千人，约占人口总数的 4.5%；上小学的总共 112 776 千人，约占人口总数的 24.8%；上初中的总共193 506千人，约占人口总数的 42.5%；上高中的总共76 203 千人，约占人口总数的 16.7%；而大专及以上的人口总共有 52 173 千人，仅约占人口总数的 11.5%。由此可以看出，受过高等教育（大专及以上）的人口在沿海地区还是占少数，仅占人口总数的 11.5%，而教育程度较低的人口总数（初中及以下）则占了人口总数的 71.8%，可见，我国沿海地区人口总体受教育程度整体较低。而更加严重的是这里面还存在大量文盲人口（见表 3-8），截至 2012 年年底，我国沿海地区文盲人口有 16 916 千人，约占 15 岁及 15 岁以上人口总数的 4.0%，而在沿海各地区中江苏和山东的文盲人口占 15 岁及以上人口比重最高，分别为 4.78% 和 6.20%。

表 3-7　2012 年沿海各省市区人口受教育程度　　　　　　单位：千人

地区	6 岁及以上人口	未上过学	小学	初中	高中	大专及以上
天津	11 175	297	1 885	3 990	2 450	2 553
河北	55 844	2 383	13 858	28 314	8 059	3 232
辽宁	35 238	908	7 069	15 616	5 127	6 519
上海	19 034	466	2 403	7 728	4 046	4 392
江苏	62 230	3 492	14 701	24 602	11 062	8 373
浙江	43 285	2 383	11 640	16 056	6 733	6 473
福建	28 931	1 606	9 231	11 267	4 565	2 262

续表

地区	6岁及以上人口	未上过学	小 学	初 中	高 中	大专及以上
山东	75 422	4 933	19 465	32 127	11 530	7 367
广东	82 228	2 479	18 921	35 639	17 162	8 027
广西	35 185	1 433	12 085	15 085	4 302	2 281
海南	6 773	312	1 518	3 082	1 167	694
总计	455 345	20 692	112 776	193 506	76 203	52 173

注：本表是2012年全国人口变动情况抽样调查样本数据，抽样比为0.831‰。

资料来源：《中国统计年鉴2013》，中华人民共和国国家统计局编，中国统计出版社，2013年9月。

相对于全国的平均水平而言，沿海地区的总体受教育程度是较高的，尤其是受过高等教育的比例。但是，相对沿海地区的经济发展水平而言，总体的受教育程度并不能与之相适应。这也是一种结构性失调。大部分文化水平偏低的人口甚至文盲主要来源于人口的迁移和流动。伴随着沿海地区经济的高度发展，在兴起很多高科技产业的同时，还产生了大量的劳动密集型产业。虽然这些高科技产业所吸引的都是中西部地区甚至是国外的高科技人才，他们的受教育程度与其他地区相比优势明显。但是必须要看到，在吸引高科技人才的同时，劳动密集型产业使得很多的农村剩余劳动力被吸引到沿海地区，而他们的文化素质普遍偏低，进而导致沿海地区的人口总体受教育程度偏低。

表3-8　2012年我国沿海各省市区15岁及以上文盲人口　　　　单位：千人

	15岁及以上人口	文盲人口	文盲人口占15岁及以上人口的比重（%）
天津	10 408	233	2.24
河北	49 895	1 879	3.77
辽宁	32 819	736	2.24
上海	18 181	406	2.23
江苏	57 383	2 742	4.78
浙江	40 062	2 051	5.12
福建	26 044	1 204	4.62
山东	67 769	4 204	6.20
广东	73 925	2 061	2.79
广西	30 243	1 134	3.75
海南	59 85	266	4.45

注：本表是2012年全国人口变动情况抽样调查样本数据，抽样比为0.831‰。

资料来源：中华人民共和国国家统计局编，《中国统计年鉴2013》，中国统计出版社，2013年9月。

通过对我国沿海地区人口现状的认识和了解，我们可以看到沿海地区的人口结构性失调主要是因为大量内陆人口的迁入和流动，这就是所谓的人口趋海现象。沿海地区人口的急剧膨胀，不仅使得沿海各城市中出现人口拥挤等现象，而且也导致了人口质量和人口结构出现了更严重的不平衡和不和谐的状况。因此，要想使沿海地区人口协调发展，首先就要了解人口趋海现象。

第二节　人口趋海现象

通过上一节的描述，我们可以知道本节中所谓的人口趋海现象，是指内地人口向沿海地区的迁移和流动的现象。沿海地区优越的经济社会条件和自然环境，对人口的移动具有极大的吸引力。世界各地人口都存在不同程度的趋海现象，并且呈不断增长的趋势。

一、世界人口趋海现象

第二次世界大战后世界人口大量向沿海地区移动，趋海现象明显。到 20 世纪末，世界上 60% 以上的人口居住在距离海岸线 100 千米以内的沿海地区。2001 年，联合国正式文件中首次提出了"21 世纪是海洋世纪"。与此同时发达国家的目光也从太空转向海洋，人口趋海移动趋势逐渐加速。据统计全世界每天大概有 3 600 多人移向沿海地区。有预测认为，进入 21 世纪，世界沿海地区人口有可能达到人口总数的 3/4。

人口增长主要集中在沿海大城市，有专家预测，在未来 20 年里，人口的增长基本上要由大城市来容纳，而这些增长大部分将发生在沿海大城市。1950 年，纽约是世界唯一一个人口超过 1 000 万人的大都市。目前，全球已有 17 个这样规模的大城市，其中 14 个位于沿海地区，11 个在亚洲，增长最快的是热带地区（表 3 – 9）。联合国人口署预计，到 2015 年，还将会出现 4 个大都市，它们分别是天津、伊斯坦布尔、开罗和拉各斯。除开罗之外，都是沿海城市。但是，大都市还只是沿海地区人口增长的一部分。世界上人口在 100 万 ~ 1 000 万之间的大城市有 2/5 也分布在海岸线附近。[1]

表 3 – 9　人口增长率最快的沿海大城市

序号	城市	人口（百万人）	年增长率（%）
1	达卡	5.88	6.2
2	拉各斯	7.74	5.8
3	卡拉奇	7.96	4.7

---

[1]　John Tibbetts. 2002 Coastal cities Living on Edge, Environmental Health Perspective, Vol. 110, No. 11, 674 – 681.

续表

序号	城市	人口（百万人）	年增长率（%）
4	雅加达	9.29	4.4
5	孟买	12.22	4.2
6	伊斯坦布尔	6.51	4

资料来源：John G. Field, Gotthilf Hempel, Colin P. Summerhayes 著：《2020 年的海洋科学、发展趋势和可持续发展面临的挑战》，吴克勤、林宝法、祁冬梅译，海洋出版社，2004 年，第 41 页。

二、欧洲人口趋海现象

欧洲国家的海岸线总长为 8.9 万千米，居住人口 6 800 万人，导致沿海地区人口非常稠密，南欧地区尤为突出。如希腊，大部分城市建在狭长的沿海地带，容纳了全国 60% 的居民。在西班牙，全国 35% 的人口集中在面积仅占全国 7% 的沿海地区。地中海沿岸区 18 个国家的人口为 3.5 亿人，其中 1.3 亿人生活在沿海地区，每年接待旅游者 1.1 亿人次。预计到 2025 年地中海沿海地区人口将增加到 1.95 亿人（目前人口为 1.35 亿人）。[①] 并且随着社会经济的发展及沿海地区的不断开发，欧洲的沿海人口数量正呈不断上升的趋势。

三、美国人口趋海现象

在美洲及其他地区，新的居民居住开发计划多半在沿海地区。许多美国人正从人口稠密、气候寒冷的东北和中西部城市，迁移到气候温暖、人口密度较小的阳光带的市郊休闲社区，如弗吉尼亚至德克萨斯的海岸线、太平洋海岸，特别是南加利福尼亚。美国人口增长最快的 20 个州中，17 个位于沿海地区。沿海各州占美国陆地面积还不到 20%，但目前却居住着一半还多的美国人口。根据美国国家海洋和大气管理局（National Oceanic and Atmospheric Administration，NOAA）2001 年 12 月出版的《海岸的情态》（*State of the Coast*）提供的资料看，到 2015 年，沿海人口将增加到 1.65 亿人，比 1960 年增加 50%。但是美国沿海人口比例自 1960 年以来就保持稳定，而且还会继续稳定下去。自 1960 年以来，沿海人口平均比例大约为全国总人口的 54%，而且，这一比例有望保持到 2015 年[②]。

有调查显示，2003 年，美国有 1.53 亿人口（占全国人口的 53%）居住在美国的 673 个沿海县，预计到 2008 年美国沿海地区人口将增长 700 万人，2015 年将增长 1 200 万人。美国沿海州和沿海县每年都有大量人口迁入，表 3 - 10 和表 3 - 11 显示了美国沿海州和沿海县的人口增长和变化情况。

---

① 金川相：《欧盟沿海地区的集成管理》，《全球科技经济瞭望》，1997 年第 7 期。

② John Tibbetts. 2002 Coastal Cities：Living on Edge, Environmental Health Perspective, Vol. 110, No. 11, 674.

美国沿海州人口增长量和变化率都发生了巨大的变化。1995—2000 年，州与州之间的人口移动变化最大的是从纽约州移向佛罗里达州，佛罗里达州将成为未来几十年退休人员移居的首选地。① 加利福尼亚人口变化数量为 990 万人，是人口变化数量最多的州，人口变化数量最低的马萨诸塞州人口变化数量也有 70 万人。而佛罗里达州人口变化率为 75%，是人口变化率最高的州，人口变化率最低的南卡罗来纳州人口变化率也达 33%。

表 3－10 1980—2003 年美国沿海州人口增长和变化排行榜

排名	沿海州名称	人口总变化数量（万人）	沿海州名称	人口变化率（%）
1	加利福尼亚	990	佛罗里达	75
2	佛罗里达	710	阿拉斯加	63
3	德克萨斯	250	华盛顿	54
4	华盛顿	170	德克萨斯	52
5	弗吉尼亚	160	弗吉尼亚	48
6	纽约	160	加利福尼亚	47
7	新泽西	120	新罕布什尔	46
8	宾夕法尼亚	120	特拉华	38
9	密歇根	80	佐治亚	35
10	马萨诸塞	70	南卡罗来纳	33

资料来源：董伟：《美国沿海地区人口变化趋势》，《海洋信息》，2007 年第 1 期，第 27 页。

美国沿海县总面积只占全国总面积（不包括阿拉斯加州）的 17%，但却拥有 53% 的全国人口。沿海县占全国总人口的比重相对稳定，为 52%～54%。① 从表 3－11 可以看出，美国沿海县人口变化数量和人口变化率都较高。洛杉矶人口总变化数量最多，为 990 万人，而人口变化率最高的是弗拉格勒为 470%。

表 3－11 1980—2003 年美国沿海县人口增长和变化排行榜

排名	沿海县名称	人口总变化数量（万人）	沿海县名称	人口变化率（%）
1	洛杉矶	990	弗拉格勒	470
2	库克	540	奥西奥拉	318
3	哈里斯	360	马塔努斯克—苏西特纳	284
4	奥兰治	300	卡姆登	240

① 董伟：《美国沿海地区人口变化趋势》，《海洋信息》，2007 年第 1 期。

排名	沿海县名称	人口总变化数量（万人）	沿海县名称	人口变化率（％）
5	圣迭戈	290	科利尔	233
6	金斯	250	赫南多	223

资料来源：董伟：《美国沿海地区人口变化趋势》，《海洋信息》，2007 年第 1 期。

四、我国人口趋海现象及原因

发达的经济环境是人口向沿海地区集中的最主要的动因。沿海地区是国民经济发展的黄金地带，尤其是改革开放以来，沿海地区的经济依靠政策和区位优势有了快速的发展。1998 年沿海地区国内生产总值达 46 103 亿元，占全国国内生产总值的 58％以上，人均国民收入 5 318 元，比全国平均水平高出 34.7％。[①] 经济的高速发展和自然环境的诱导，吸引了内陆地区的各式人等趋之若鹜，导致了内地向沿海规模不断扩大的人口迁移，到沿海地区进行各种经济活动，造成了我国人口由西部向东部，内陆向沿海移动的明显趋势，使沿海地区成为现代社会人口既高度集中，又频繁移动的地区。

沿海城市，特别是经济发达的主要沿海城市，如上海、厦门、青岛等，是内陆向外流动人口的主要集中地。我国东部沿海地区占 14.2％的国土面积，却占有全国 44.74％的城市数量和 51.44％的城市人口，是中国城市分布最密集的地带。东部沿海地带的特大城市和大城市人口分别占全国的 59.81％和 47.44％。随着小城镇建设的兴起，我国城市人口占总人口的比例将保持年均 0.63 个百分点的增幅，2002 年全国城市人口比例将达到 34％，而东部沿海地区城市化现有水平已经高于世界平均水平的 47％。预计未来 20 年，我国城市化水平将达到或接近世界平均水平，东部沿海地区的城市化水平还将有较大幅度的提高。研究预测表明，到 2020 年或 21 纪中叶，60％人口将居住在沿海地区。2000 年全国 14 439 万流动人口中，有 8 416 万人发生在沿海地区，占全国流动人口的 58.3％。[①]

人口跨区间的流动既是一个社会开放程度的标志，也是一个社会经济发展的必要条件之一。人口在地区间流动的实质是劳动力资源在不同地区之间的重新配置。改革开放以来，我国出现了大规模的自发性人口区际流动现象，其基本格局是由中西部地区向沿海开放地区和大中城市的流动。一般而言，在经济发展水平较低的阶段，经济性因素是影响人口流动的主要因素；当经济发展水平达到一定高度时，经济性因素的影响将减弱，社会性因素的影响将增大。目前我国整体上还处于经济发展水平不高的阶段，经济性因素是引起人口流动的最主要动因。尤为明显的是，我国东、中、西三个区域之间的生产和生活水平相差悬殊，经济欠发达的中西部地区存在大量剩余劳动力，形成了中西部地区人口流动的

---

① 吕春花、孙清、魏红宇：《我国沿海地区人口发展预测》，《海洋开发与管理》，2000 年第 3 期。

内在推动力；而经济较发达的东部沿海地区则需要大量的劳动力维持经济社会的持续发展，这就形成了人口流动的强大拉力。正是在这种推力与拉力的共同作用下，形成了我国现在大规模的区域间人口流动。

具体来说，引起我国目前中西部及沿海地区中西部的人口大量向东南沿海地区及城市移动的原因主要有以下几个方面。

第一，区域间生活水平的差异，特别是收入水平的差异，是人口大量向沿海地区流动的主要动因。我国地区间、城乡间生活水平的差距是显而易见的，而且这种差距还在持续。由于地区经济发展的不平衡，我国居民收入分配存在很大的地区差距。根据国家统计局公布的资料数据显示，1999 年东、中、西部三大地区城镇居民收入，由 1980 年的 1.06：0.98：1 扩大为 1.48：1：1.06；2003 年东、中、西部地区城镇居民人均可支配收入为 10 366 元、7 036 元和 7 096 元，比上年分别增长 10.8%、10.5% 和 8.4%。由此可见，我国东部地区城镇居民收入增长仍高于中部和西部地区，地区人均收入差距仍在继续拉大。从绝对数来看，城乡居民收入差距从 1987 年的 209.8 元增加到 2004 年的 6 485.20 元。由此可以看出，农民居民收入增长速度远没有城镇居民快。我国城乡居民收入差距从根本上讲，不是城镇居民绝对收入水平过高（2004 年城镇家庭人均可支配收入为 9 422 元，不足 1 200 美元），而是相对于城镇居民而言农民收入水平过低（2004 年，农民人均纯收入只相当于城镇居民收入的 31.2%）。按照我国农民户口所在地统计，当前有城镇户口的居民占全国人口的比重为 26.8%，其收入却占了全国一半以上。相反，占全国人口 73.2% 的农村居民收入却不足全国的一半。[①] 因此可以得出结论，20 世纪 90 年代以来，城乡居民收入差距越来越大了。这种差距形成区域间强大的推拉力，是促成我国目前区域间人口流动的最主要因素。相对较高的收入、较好的生活环境与生活方式，促使农村剩余劳动力向发达地区迁移。

第二，沿海地区，尤其是沿海发达城市所提供的大量各个层次的就业机会，是吸引内陆各地剩余劳动力转移的主要拉力。就业问题对于拥有上亿剩余劳动力的大国来说，就是最主要的社会问题。我国地区经济发展的不平衡，在一定程度上决定了就业机会的不平衡。人们将中西部地区向东部沿海地区的民工潮和人才流动现象，称为"孔雀东南飞"，这种现象主要就是因为东中西部之间的就业机会的差异所导致的。改革开放以来，东部沿海地区因优惠的国家政策和优越的地理位置，其经济迅速发展起来。大量劳动密集型加工业的出现和第三产业的快速发展，为社会提供了大量的工作岗位。同时，在中西部广大的农村地区，由于实行家庭承包经营责任制，以及科学技术的发展，农业劳动生产率大幅提高，而劳动力数量却在递增，这就使得广大的农村地区出现了大量的剩余劳动力。这部分劳动力需要寻求新的就业机会，并且每个农村的劳动力都希望获得比农业生产更高的劳动

---

① 孟小光：《收入差距与社会公平的对策思考》，《吉林省社会主义学院学报》，2007 年第 1 期。

收益。因此，这两者的相互结合，必然会导致中西部的大量剩余劳动力涌向东部沿海地区。与大量的体力劳动者的流动相比，中西部的高素质人才虽然没有出现大批量向沿海地区迁移，但是，东部沿海地区利用其经济优势，实行比较灵活的企事业单位的用人制度和工资制度，为各类人才提供了发挥才能和取得合理报酬的机会，这对中西部地区内的各类高素质人才也产生了不可抗拒的吸引力。许多内地人才，尤其是制度规制不是非常严格的行业人才，纷纷冲破原有的种种制度的或人为的障碍，到沿海地区寻求发展。

第三，有倾斜的国家政策是人口向大城市和东南沿海地区集中的最主要的人为因素。沿海地区的区位优势和历史积淀，使得国家投资和优惠政策都优先地倾向这些地区。最典型的就是最早开放的14个港口城市，以及经济特区的建立。改革开放前，在计划经济体制下，人口迁移主要是政府行为，特别是大规模的人口迁移都是由国家决策的，人口的区域迁移是由公安部门严格控制的。由于封闭的迁移政策，户籍制度管理严密，自发性的人口迁移较少。实行改革开放政策以后，沿海地区的经济得到了迅速的发展，对于各种人才和劳动力的需要日益增多。因此，为了适应这种新的发展趋势，人口迁移的各项政策必然会发展转变。相对宽松的人口流动政策，以及计划经济向市场经济的转变，地方政府可根据自身需求选择性接受迁移人口等，都为人口向沿海地区流动提供了必要的政策支持。

第四，城乡差异是导致人口向沿海城市迁移的内在驱动力。市场引力是城市规模扩展、城市经济繁荣、城市功能增强、城市中心作用日益突出的重要动力，也是农村人口向城市迁移的基本动力要素之一。城市拥有巨大的劳动力市场，能够为大量的各层次的劳动力提供就业的机会。城市化的不断加速，城市建设的迅速发展，文化、交通、生活等设施不断完善，城市的人口承载力有不断提高的趋势，城市生态系统所受到的压力相对要小，这些都为人们入住城市提供了良好的环境。相比而言，中国70%的人口在农村，大大超出了目前农村经济、生活水平下的人口承载力，对农业生态系统构成了一种强大的压力。两相对比之下，农村剩余人口，尤其是农村精英人物流入城市就成为必然。

第五，人口的分布和迁移与产业的布局或空间分布密切相关。随着经济的发展、社会的进步，产业布局发生着阶段性变化。产业布局会影响到一个社会各种资源在配置上的区域差异，从而为不同区域中的人们提供不同的生存资源和生活条件。因此，人口必然就会根据产业布局而有目的、有选择性地进行迁移，迁移的数量和方向与产业布局的变化直接相关。在传统农业社会，较低的生产力水平和单一的产业结构，使得大部分人口都是依靠土地从事农业生产活动来维持生活。所以，人口主要分布在耕地集中地，尤其是平原地区，人口迁移活动也比较少。在这种状况下，只有局部土地贫瘠、生存条件很差的地区的人口才会被迫迁往水土肥沃、生活条件相对优越的地方。但是，现代工业社会的生产模式打破了这种框架。随着经济的发展、科学技术的进步，产业结构和布局产生了变化，人口分布和迁移状况也随之发生了很大的变化。第二产业和第三产业的快速、迅猛发展，提供了一个广阔的劳动力市场，从而为那些未就业人员和农村剩余劳动力提供了充足的就业机会，这必然就会吸引大量人口的迁入，从而壮大了地区人口发展规模。在所有的沿海国家，发达的第二产业和第三产业基本上大部分都集中到了沿海地区，因此，全世界出现人口趋海现象也是必然的。

第六，农村产业结构的变化是导致农村人口大量迁移和流出的一个重要方面，而沿海城市的流入人口绝大部分都是农村人口。在我国目前的发展阶段，各个相同层次的城市之间的差异是比较少的，因此，城市人口的流动更多的是小城市向大城市流动。传统的城乡二元结构并没有随着经济的发展而有所缓和。相反，经济发展的不平衡加大了城乡差异。农村产业结构的变化，也使得农村的生产方式和农民的生活结构都发生了改变。首先，农业生产水平的提高，机械化的普及，大量的剩余劳动力产生；其次，信息传播渠道的发展，使得农民的意识发生了改变，尤其是年轻农民都希望到更广阔的空间去发展和生活。所以，剩余农村人口流入城市就成为一个不可阻挡的潮流。

大量人口涌向沿海地区，既促进了沿海经济发展，也给沿海地区带来了一系列问题，如资源开发过度，环境污染加剧等。因此，研究我国沿海地区人口的趋海移动现象和规律，了解沿海地区人口分布现状及未来发展趋势，对制定沿海地区资源开发和经济发展政策，以及经济可持续发展有着非常重要的意义。

第三节　沿海地区的人口问题及其对策

一、目前我国沿海地区的人口问题

我国沿海地区在短短十几年的时间里，人口数量增长了几倍。虽然沿海的经济也在飞速发展，但是，相对于人口增长的速度而言，大多数沿海地区的经济增长和社会发展并不能满足人口日益增长的各项需求。大多数沿海城市都存在着严重的交通拥挤、住房紧张、能源短缺、资源匮乏等诸多社会问题。结合人口趋海的原因，从人口数量和质量及结构上可以将沿海地区的人口问题概括为以下几个方面。

（一）人口数量上的主要表现

（1）就总的状况来说，最大的问题就是人口基数大，增长快，人口密度大。从表3－4中可以看到，伴随着改革开放的推进，沿海地区以其独特的地理位置和大力的政策扶持，引起了全国大范围的人口迁移和流动，导致现在沿海地区人口的急剧增加。每年上百万人流入沿海各地，而且这些人中不包含数千万的常年流动的农民工。如此庞大的人口负担与沿海地区的经济发展步伐并不是完全协调的。这样，不仅加重了沿海地区人口的承载量，而且对于沿海地区人口的长远发展极其不利。

（2）大量的流动人口带来的一系列问题。沿海地区流动人口较多，由此所产生的人口就业、子女受教育、医疗卫生、社会保障以及计划生育等方面的问题得不到妥善解决。尤其是计划生育工作应该是流动人口带来最重大的人口问题，"超生游击队"在这个庞大的人口中仍然继续存在。通过对 2005 年我国沿海地区人口户口登记状况的分析，可以得出我国沿海地区流动人口比重较大，这部分人口约占 2005 年沿海省市人口总数的 16.9%。大量的流动人口涌入东部沿海地区，在为沿海地区经济社会发展做出贡献的同时，也造成了交通拥挤，环境污染，教育、就业和住房紧张以及社会治安混乱等问题。最近几年关于"农民工子女就学问题"所展开的讨论以及相关的政策措施出台，都表明了这个问题已经成为一个全国性问题。

（二）人口素质及结构方面的问题

人口素质及结构上主要是结构性失调，体现在以下 4 个方面。

（1）老龄化问题比较严重。就全国大范围的程度来说，老龄化已经成为目前很严重的问题。沿海地区在发展经济的同时，其他的服务业也处于不断的发展当中。这样的结果直接导致人均寿命的增加，老龄人口总数不断上升。

（2）性别比例失调与性别文化程度差异共存，这是沿海地区青壮年人口的独有特色。表 3 - 5 至表 3 - 8 的数据表明，通过对沿海地区的调查与分析，可以知道大量劳动力密集产业兴起吸引了大量的青年劳动力，而这其中女性又占大多数。就我国目前全国男女比例来说，男女比例在很大的程度上已经处于失调状态。所以沿海地区的状况更加让人堪忧。

（3）总体素质偏低。虽然沿海地区的高科技产业很多，吸引了很多知识分子，但是同时我们也应该看到，大部分劳动密集型产业也是分布在这里的。而这些产业所吸引的主要都是前往城市寻找就业机会的农村剩余劳动力，他们的总体素质往往是比较低的。这在很大程度上限制了沿海地区的协调发展。

（4）经济增长速度与人口增长速度成反比（表 3 - 12）。一般而言，经济越发达的城市，人口的自然增长率就越低。经济越发达的城市，能够提供的职位就越多，就能容纳更多的人口。但是，在自然增长率低下的情况，这些新的职位就需要更多的外来人口填补。大量的流动性人口会给该地区带来一系列的问题。

表 3 - 12　沿海省区人口数和出生率、死亡率、自然增长率（2012 年）

地区	年底人口数（万人）	出生率（‰）	死亡率（‰）	自然增长率（‰）
全国	135 404	12. 10	7. 15	4. 95
天津	1 413	8. 75	6. 12	2. 63
河北	7 288	12. 88	6. 41	6. 47
辽宁	4 389	6. 15	6. 54	- 0. 39
上海	2 380	9. 56	5. 36	4. 20
江苏	7 920	9. 44	6. 99	2. 45
浙江	5 477	10. 12	5. 52	4. 60

续表

地区	年底人口数（万人）	出生率（‰）	死亡率（‰）	自然增长率（‰）
福 建	3 748	12.74	5.73	7.01
山 东	9 685	11.90	6.95	4.95
广 东	10 594	11.60	4.65	6.95
广 西	4 682	14.20	6.31	7.89
海 南	887	14.66	5.81	8.85

注：本表数据根据 2012 年人口变动情况抽样数据推算。全国总人口根据抽样误差和调查误差进行了修正，分地区人口未作修正。全国总人口包括现役军人数，分地区数字中未包括。

资料来源：中华人民共和国国家统计局编，《中国统计年鉴 2013》，中国统计出版社，2013 年 9 月。

人口数量增长过快与人口结构性失调两者是相互关联的，它们既是沿海地区经济快速发展的驱动力和结果，也是沿海地区经济社会持续发展的主要障碍所在。有研究表明，长江三角洲人均经济量低于珠江三角洲的一个重要原因就是"长三角"的人口结构不如"珠三角"，"长三角"在人口年龄结构和教育结构上均明显劣于"珠三角"。[①] 因此，要实现沿海地区的总体协调发展，首先就必须实现沿海地区人口的协调发展。

二、沿海地区实现人口协调发展的对策

要解决沿海地区人口问题，保持沿海地区人口协调发展，需要从全国总体和长远方面考虑，做出沿海地区人口发展的战略规划。以前我国人口的流动采取多项强制性的措施，尤其是对流入沿海城市的人口，设置了诸如暂住证等手段来控制。但是，事实表明这些强制性的措施与我国的发展目标、法制建设等都是相冲突的。而且，这些措施从结果来看，起到了一定的反作用，它促使更多的内陆人想方设法地流入沿海各地，导致了更严重的人口问题。因此，沿海地区的人口要实现协调发展，其战略主要应包括以下几点。

（一）根本的解决之道是缩小东中西部的差距，促进东中西部人口的和谐流动

就我国目前的形式来说，中西部人口之所以大规模地迁移和流动到东部地区，主要还是因为东部地区迅速发展的经济大大吸引了众多的高科技人才和农村的剩余劳动力。所以要想解决沿海地区人口问题，保持沿海地区人口协调发展，就要大力协调东中西部的经济发展，必须对中西部地区及东北地区采取必要的倾斜政策。在新型产业空间配置、土地资源配置等方面给予倾斜，避免大量新的发展机会再次过度聚集于沿海地区。通过不遗余力地发展中西部地区的经济，完善其基础建设，使得中西部人口自愿留在本地区，并且逐步

[①]　汪长江：《沿海地区经济结构对经济水平影响的分析》，《经济社会体制比较》，2007 年第 2 期。

吸引东部地区人才向中西部迈进。

具体措施包括：一是改变国家的投资重点，由以往偏重于东南沿海和少数大城市转变为向中西部和农村倾斜，如，中西部地区人口少而地域广大，一些重要的化工业就比较适合在这些地区投资建设；二是将东部沿海地区的饱和资本，顺应东部地区要进行产业升级和为资本寻找新投资对象的要求，有目的地将其引向中西部和广大农村，以此在中国内部形成有机的分工体系，因此，政府可以采取一定的政策通过以下两个途径来实现区域之间的平衡：一是促进资本在东部地区相对平均的分布，以使人口在广大东部地区也相对平均分布；二是促进资本向中西部流动，使人口流动不再一味地由西向东，而是促进东西部人口的相互流动。这也要求西部地区必须建立起有效人才制度体系，而不应继续使用传统的阻碍人才流动的办法，只有这样才能有效解决人才外流的问题，并在一定程度上吸引东部人才的流入。

（二）最直接有效的途径是发展农村及乡镇企业来将农村剩余劳动力留在农村

通过对沿海地区不同状况的分析与了解可以知道，伴随着劳动密集型产业的发展，大部分的农村剩余劳动力蜂拥而至。这样虽然解决了沿海地区经济发展的劳动力问题和农村劳动力过剩的问题，但是也带来了不少的问题。首先是沿海人口急剧增加，加重了沿海地区人口的负担。由于这部分流动人口比重较大，稳定性较低，常年在城市间流动，特别是近几年大量农民进城务工造成的农民工过剩现象极为明显。因此，他们在为沿海地区经济社会发展做出贡献的同时，也因自身素质不高等种种因素给沿海地区造成很多社会问题。所以，目前国家应该将目光放在大力发展乡镇企业，大力扶持农村经济，由此来带动农村地区的发展。在完善乡镇和农村的各项基本设施时，还应该加强教育建设，只有经济与教育并行，才能使农民愿意安定下来，通过创业致富从而达到比较理想的生存状态。

（三）提高沿海地区人口整体素质，促进人口结构协调发展

我国沿海地区人口文化素质还不是特别高。这对于沿海地区的长远及协调发展造成不利影响。因此，应加大教育投入，大力发展教育事业，提高人口文化素质，培养高素质人才。特别是要加强对沿海地区迁移和流动人口以及下岗、失业人员的再就业教育及培训。只有大力提高这部分人的受教育水平，才能从根本上解决沿海地区人口文化素质普遍偏低的问题。

对于沿海地区的人口结构性失调，特别是年龄和性别结构的不合理，需要政府采取相应的社会保障措施，同时也要加强人们意识观念的转变。如沿海地区男女性别结构性失调最明显的现象是许多大龄高素质的女青年找不到伴侣，这是因为"婚姻倾度"在起作用。所谓婚姻倾度，是指在我们这个社会文化中，男人总倾向于找在各个方面都不如自己的女人为伴侣。因此，沿海地区中男女性别在各个层次上都相对均衡的状况，并不是一件好事。显然，这种结构性失调需要人们转变相应的思想观念。

（四）充分利用人口流动的优势，弱化人口流动的弊端

伴随着经济的不断发展，我国沿海地区吸收了很多外来人员，因此要协调沿海地区的人口发展，就必须要加强对这部分人的培训与管理。由于目前沿海地区除了高科技产业以外，还有很多的劳动密集型产业，因此吸收的大部分是文化程度偏低的农民工。对这部分人的管理在很大程度上会影响到沿海地区人口的协调发展。在对外来流动人口管理的指导思想上，应当遵循"控制人口，不控制人才"的原则，以吸引更多的国内外人才为沿海地区经济建设服务。此外，可以积极利用人口流动来促进地区间人均收入水平均等化，以缩小地区间居民收入水平和生活质量的差距。各级政府应该为人口的合理、有效流动创造条件，尽可能地降低流动成本。人口流动对于提高劳动力资源的整体配置效益、提高人力资本积累具有十分重要的作用，应该认真研究和实现人口和劳动力在空间有序流动的机制。可以在不完全打破现行的人口户籍管理制度前提下，实行有序的渐进的跨地区间人口流动的管理机制。

总的来说，人口流动是经济发展的必然结果。只是单向度的流动必然会导致人口分布的不均衡，从而影响到各个区域之间的发展失衡。单向的人口流动不但不能缩小东中西部之间的经济差异，相反，人口的单向流动往往带动着其他各种生产要素也相应地流动。这样，只会加大区域之间的差距。同时，人口和资源向东部沿海地区的集中，需要控制在一个范围之内，一旦超出沿海地区的可承载能力，对这些地区的发展来说也是不可持续的。因此，从我国目前而言，为了更好地发挥人口流动对区域经济的促进作用，必须在发挥经济政策对人口流动的调控作用的同时，使人口流动以市场需求为导向。

第四章　沿海地区的城市化

人口趋海的结果之一就是促进了沿海地区的城市化发展，使沿海地区的城市群、城市带初具规模，这在一定程度上提升了我国城市化水平。但是，大量外来人口的迁入使得城市化的速度过快，沿海地区的城市化不仅具有城市化的一般特征，而且也产生出了其特有的问题。这些问题需要制定相应对策，才能保证沿海地区城市化的协调发展。

第一节　沿海地区城市化现状

一、城市化的界定

城市化是伴随工业化进程而产生的，是社会生产力发展的必然产物。随着 18 世纪工业革命的进行，城市化进程迅速加快。但是，由于城市化本身的复杂性和城市化研究的多学科性，城市化概念的界定一直是众说纷纭。马克思曾指出现代的历史是乡村城市化。美国新版的《世界城市》认为：城市化是一个过程，包括人口和社会两个方面的变化。按照《中华人民共和国国家标准城市规划术语》对城市化的定义，城市化是人类生产与生活方式由农村型向城市型转化的历史过程，主要表现为农村人口转化为城市人口及城市不断发展完善的过程。而《世界城市》认为：城市化是一个过程，包括两个方面的变化：一是人口从乡村向城市运动，并在都市中从事非农工作；二是乡村生活方式向城市生活方式的转变，包括价值观、态度和行为等方面。第一方面强调人口的密度和经济职能，第二方面强调社会、心理和行为因素。实质上这两方面是互动的。[①]

在国内学术界中，有人将"城市化"这一概念的内涵具体表述为以下 3 个方面：① 城市化的特征是农村人口比重相对减少，城市人口比重相对增加，第一产业的人口相对减少，第二、第三产业的人口相对增加的过程；② 城市化的内容包括人口地域结构、产业结构、生活方式等的城市化；③ 城市化的实质是人口经济活动和生活方式的非农化过程。[②]

综合目前已有的分析，虽然对城市化的定义表述不一，但其基本含义无外乎包含三个

---

① 张鸿雁：《论城市现代化的动力与标志》，《社会学》，2002 年第 3 期。
② 丁刚、张颖：《我国城市进程的历史回顾和动力机制分析》，《开发研究》，2008 年第 5 期。

方面：一是产业结构的演进，即由传统的第一产业向第二、第三产业转变；二是人口的迁移，即从农业人口转变为非农业人口；三是人的观念及文化、社会生活等方面的转变。因此，可以说城市化是一个系统性的长期发展过程，它是包含着人与社会在内的整体性变迁。

二、我国城市化的发展特点

我国的城市化先后经历了缓慢发展时期、稳步上升时期与加速推进时期，整体来看，取得的成就还是巨大的。有学者将我国城市化的历史进程分为 4 个大的阶段：① 1949—1957 年的初始起步增长期；② 1958—1965 年的动荡期；③ 1966—1977 年的停滞期；④ 1978年至今的快速发展期。[①] 也有学者研究了 2000 年以来中国城市化的新特征[②]。将这些研究归纳起来，新中国成立以来的城市化有以下几个明显特点。

第一，城市经济在总体经济中的比重连年增加。伴随着城市化进程的加快，中国城市经济在总体经济中的比重连年增加，1983—2004 年 21 年间，城市经济在国内生产总值的比重增加了 18.7%[③]，城市已经成为推动经济增长的主体。

第二，城市人口数量增加，比重增大。1978—2004 年的 26 年间城市人口增加了37 038万人，增加了 2 倍多；城市人口的比重从 1978 年的 17.9% 增加到 2004 年的41.8%。

第三，市镇数量增加，规模扩大。1949 年，我国共有城市 136 座，到1978 年变成 193 座，在这 29 年仅增加 57 座城市。改革开放后城市数量迅速增加，到 1997 年时达到 668 座，为新中国成立以来最多的一年，之后虽有所调整，但基本稳定在 660 座左右。1978—2005 年的 26 年间，城市数量总计增加了 464 座，相当于改革开放前增加量的 8.9 倍。城镇数据虽然不全，但从已有数据看出，改革开放以来的 26 年间，建制镇数量增加了17 349座，仅增加量就是 1978 年总数的 8.0 倍。[④] 随着城市化进程的不断推进，城市的规模也不断扩大。1978 年中国设置的城市建成区面积只有6 000多平方千米，到 2004 年城市建成区面积达到 30 406 多平方千米，扩展了 5 倍多。[⑤]

第四，目前我国城市体系的基本框架已经形成，城市建设日趋完善。市政设施、公共交通、城市绿化、环境卫生等硬件设施都向现代化城市迈进了一大步，我国城市的现代化水平跃上了一个新台阶。

---

① 丁刚、张颖：《我国城市进程的历史回顾和动力机制分析》，《开发研究》，2008 年第 5 期。

② 许抄军、罗能生：《中国的城市化与人口迁移——2000 年以来的实证研究》，《统计研究》，2008 年第 2 期。

③ 倪鹏飞等：《中国新型城市化道路》，社会科学文献出版社，2007 年，第 66 页。

④ 刘新卫：《中国城镇化发展阶段、趋势和特点》，资源网，2007 年 9 月 28 日。

⑤ 国家统计局：《中国统计年鉴 2005 年》，中国统计出版社，2005 年，第 377～378 页。

三、沿海城市的发展现状

我国大陆沿海地区（相当于省一级行政区）共有 11 个，分别为辽宁省、河北省、天津市、山东省、江苏省、上海市、浙江省、福建省、广东省、广西壮族自治区和海南省。

沿海城市是指有海岸线（大陆岸线或岛屿岸线）的城市。按照国家行政区划，沿海城市包括直辖市、地级市和县级市 3 个层次。具体分布详见表 4 - 1。

表 4 - 1　沿海各地区城市分布情况（2012 年底）　　　　　单位：个

地区	辽宁	河北	天津	山东	江苏	上海	浙江	福建	广东	广西	海南	合计
直辖市			1			1						2
地级市	14	11	0	17	13	0	11	9	21	14	3	113
县级市	17	22	0	30	23	0	22	14	23	7	6	164

资料来源：《中国统计年鉴2012》，中国统计出版社，2013 年。

（一）沿海地区的城市体系

经过 30 多年的改革开放，中国沿海城市普遍得到了高速发展。对外开放战略和沿海倾斜政策，乡镇企业、民营经济的蓬勃发展，工业化支持和制度保障以及外商投资和外地劳动力的大量迁入为沿海地区城市化水平的高速增长提供了强大动力。这不仅保障了沿海地区城市化的快速发展，同时还促进了该地区不同规模、不同类型、不同特色城市的发展，形成了以特大城市为中心、多层次、功能互补的城市体系。

沿海地区的深圳、厦门、宁波、青岛、大连等城市，均已发展为当地的重要经济中心城市：深圳已成为全国重要的高科技研发和制造基地、物流基地和区域金融中心，其 GDP 总量、人均国内生产总值（GDP）、外贸出口、集装箱吞吐量、预算内财政收入等重要指标均进入全国前列或名列全国榜首；厦门则成为当地最重要的对外开放城市和经贸城市；宁波是长江三角洲地区最重要的港口城市之一，在杭州湾大桥建成以后，宁波作为该地区南部中心城市的地位将进一步巩固；青岛以拥有"海尔"、"青啤"、"海信"、"奥克玛"、"双星"等一大批著名企业，正在成为华东地区北片的经济中心城市；大连以城市经营称雄全国，是东北亚地区的重要轴心城市，其在东北地区的对外开放核心城市地位不可动摇。

沿海地区城市经济发达，城市间经济联系密切，交通基础设施便利，为城市群发展奠定了坚实的基础。中国现有 12 个城市群中，沿海 5 大城市群（即"长三角"、"珠三角"、京津唐、山东半岛和辽中南等城市群）以占全国 12 大城市群 50.7% 的土地和 57.3% 的人口，创造着占全国 12 大城市群 73.9% 的地区国民生产总值，并利用了 85% 的外商投资金额。另外，5 大城市群的人均 GDP 水平为全国 12 大城市群人均 GDP 的 1.3 倍。其中，特别是"珠三角"、"长三角"和京津唐三大城市群不仅肩负着带动本地区发展的任务，还主导着全国经济的发展格局。

（二）沿海城市的经济状况

由于具有优越的自然条件、良好的经济基础以及国家政策的支持，近年来沿海城市的经济取得巨大发展，国内生产总值逐年增加。以海洋经济为依托的沿海城市国民经济稳步增长，其经济产值在整个沿海地区国内生产总值和全国国内生产总值中均占有较大的比重，这表明沿海城市的经济发展对整个沿海地区甚至整个国民经济都具有巨大的推动作用。

据统计，2011 年我国 15 个沿海开放城市的地区生产总值总额为 84 682.2 亿元（包括市辖县），其中不包括市辖县为 62 131.6 亿元；全国地级及以上城市地区生产总值为 293 025.5 亿元，全国地区生产总值 472 881.6 亿元，分别占比例为 17.9%、62.0%。沿海开放城市固定资产投资总额 40 048.5 亿元（包括市辖县），不包括市辖县为 26 621.8 亿元；全国地级及以上城市固定资产投资总额 154 751.8 亿元，全国固定资产投资额为 311 485.1 亿元，占比例分别为 12.9%、49.7%。[①]

为带动沿海地区乃至整个国家的经济繁荣，海洋经济做出了巨大贡献。海洋经济是国家繁荣和发展的重要经济支柱之一，在国民经济中的地位主要表现在对国民经济的贡献率和在国民经济中的比重不断提高上。以 2006 年为例，全国海洋生产总值 20 958 亿元，同比增长 13.97%，占国内生产总值比重达 10.01%。其中，海洋产业增加值 12 365 亿元（包括主要海洋产业增加值 8 949 亿元、海洋科研教育管理服务业增加值 3 416 亿元），海洋相关产业增加值 8 593 亿元。2006 年全国涉海就业人员为 2 960.3 万人，比上年增加 180 万个就业岗位。[②] 由此可见，海洋经济占国内生产总值的比重在逐年上升，成为推动整个国民经济发展的重要力量。

随着经济总量的不断提高，沿海地区的产业结构也逐渐发生转变。近年来，沿海地区的旅游业特别是滨海旅游业的迅速发展，带动了第三产业的发展，为国民经济的增长提供了强大的推动力。根据《中国统计年鉴》（2012 年）显示，2011 年，全国入境旅游人数为 13 542.35 万人（包括港、澳、台地区），不包括港、澳、台地区全国入境旅游人数为 2 711.2 万人。2011 年全国国际旅游外汇收入总额 484.64 亿美元。东部沿海地区 11 省市国际旅游外汇收入 423.82 亿美元，占全国总量的 87.45%。

（三）沿海城市的人口状况

受海洋的影响，沿海地区环境优美、气候适宜、适合人类居住、有利于发展经济，近代产生的"人口趋海"现象足以说明海洋对人类的吸引力。中国的沿海地区也存在类似的

---

① 《中国统计年鉴 2012》，中国统计出版社，2013 年。
② 《中国海洋统计年鉴 2007》，海洋出版社，2007 年。

情况，沿海 11 个省（市、区）基本上都是环境条件好、经济发达、人口承载力高的地区。城市化的过程中，沿海地区人口数量增加，占总人口的比重不断上升。截至 2008 年年底我国沿海城市人口总共 24 035.7 万人，占全国总人口的 18.4%，比 1999 年增加 16 584.97 万人，增长了 139%（见表 4-2）。从表中也可以直接看出，从 1999 年到 2008 年我国沿海城市人口数量一直呈增长趋势，特别是 2003 年和 2004 年两年增长更是迅速。

表 4-2　1999—2008 年沿海城市人口分布情况　　　　　　　单位：万人

地区	1999 年	2002 年	2003 年	2004 年	2008 年
天津	912.00	919.00	926.00	932.55	1 176.0
河北	290.20	412.34	1029.72	1 665.25	1 725.4
辽宁	626.90	651.47	672.19	676.68	1 779.7
上海	1 313.12	1 334.23	1 341.77	1 352.39	1 391.0
江苏	187.40	210.94	2 041.96	2 040.88	2 063.7
浙江	658.44	997.66	3 350.66	3 372.06	3 463.8
福建	624.64	1 163.01	2 059.21	2 072.26	2 607.5
山东	921.20	956.90	3 194.35	3 305.19	3 372.2
广东	1 444.87	1 774.73	5 193.21	5 691.93	5 639.0
广西	212.20	454.42	562.36	571.72	607.0
海南	100.59	113.67	189.58	193.82	210.4

资料来源：根据历年《中国海洋统计年鉴》（2000—2005 年），海洋出版社。

沿海地区人口激增，为沿海经济的快速发展带来了丰富的人力资源，也是沿海城市化快速发展的强大驱动力。但是，大量外来人口的流动也对沿海城市的管理等方面造成了许多难题。因此，外来人口的流动对沿海城市发展来说，是一把双刃剑。

四、沿海地区城市化的特性

与内陆各地的城市化相比，沿海地区的城市发展因其天然的区位优势、历史动因、政策导向等，显现出其相对独特的发展特性。

（一）丰富的自然资源是沿海各地城市化的强大内在动力所在

沿海地区自然资源丰富，尤其是海洋资源。海洋是地球上最大的水体地理单元，是人类可持续发展所需要的能源、矿物、食物、淡水和重要金属的战略基地。海洋蕴藏着丰富的资源，渔业、矿产等资源的开发为沿海城市经济发展提供了强大的动力，沿海城市的经济较内陆城市水平较高，海洋资源的开发促进了城市大发展，加速了沿海地区城市化进程。

（二）天然的地理位置是沿海地区城市化快速发展的重要基础

从人类开展海上贸易以来，世界上所有的重要沿海城市几乎都是重要的港口城市，拥有便利的交通和发达的国际贸易。海洋是交通运输的天然大动脉，海洋运输将内地与海外地区连接起来。发展海洋运输业，建设港口，对沿海城市乃至整个沿海地区都有着重要影响。沿海港口城市尽管数量仅占全国 668 座城市的 5.3%，但人口规模在全国城市中却占相当比重，仅 14 个沿海开放城市非农业人口就占全国城市非农业人口的 12.0%。尤其是在非农业人口超过 200 万人的超大城市中，沿海港口城市已有上海、天津、广州 3 座，占全国超大城市总数的 25.0%。[①] 港口的繁荣带动了城市运输、服务等方面的发展，进而带动城市整体水平的提高。

（三）宜人的自然环境为沿海地区的城市化提供了重要条件

城市化的一个重要特征是第三产业在该区域中所占比重逐渐上升。沿海地区经济形式多样，第三产业发达。沿海地区拥有天然的旅游资源，阳光和海滩、美丽的海域、鲜美的海鲜等都为旅游业的发展提供了便利。我国沿海地区有很多处适合发展旅游业的区域，如融海岛、海洋、佛教文化于一体的"海天佛国"普陀山，风景秀丽气候宜人的海南三亚。近年来，沿海地区开发建设了多处海洋和海岛旅游娱乐区，兴建了各具特色的旅游娱乐设施和一批国内观光度假的中小型度假村、观光路线和站、点以及水上娱乐和运动场所，使海洋旅游业成为迅速发展的新兴海洋产业。滨海旅游业的发展带动了沿海城市第三产业的发展，完善了城市的各项功能，提高了城市的服务水平，促进了城市的发展。

（四）人口趋海所引起的人口增长是沿海地区城市化的外在动因

沿海地区人口众多。受海洋的影响，沿海地区一般都是生态环境优美、适合人类居住、有利于发展经济的地区，美丽富饶的海岸使亿万沿海居民和沿岸国家、地区从贫穷落后走向富足和繁荣。因此，有大量的人口从内陆地区向沿海地区集中，推动了沿海地区城市化的发展。全国流动人口的一半以上涌向这里，他们主要来自中部和西部地区；沿海地区大约每 6 个人中就有 1 个是流动人口。[②] 20 世纪末，世界上 60% 以上的人口居住在距离海岸线 100 千米以内的沿海地区。进入 21 世纪，世界沿海地区的人口可能达到人口总数的3/4。中国达到中等发达国家水平时，预计沿海地区的人口可能达到 7 亿～8 亿人。[③] 大量人口的汇聚必然要求更广阔的容纳空间，因此，城市边上的农村郊区纷纷以经济开发区的方式被城市化，这在中国各个层次的城市发展中都是普遍存在的现象。沿海城市在这方

---

①　易志云、胡建新：《我国沿海港口城市的结构分析及发展走势》，《天津商学院学报》，2000 年第 5 期。

②　付晓东：《中国流动人口对城市化进程的影响》，《中州学刊》，2007 年第 6 期。

③　高之国：《贯彻"实施海洋开发"战略部署，制定实施〈海洋开发战略规划〉》，《海洋开发战略研究》，海洋出版社，2004 年，第 19 页。

面表现得更为明显，步子也迈得更大，尤其是江浙一带小城镇比较发达的区域，已经在沿海一线形成了明显的城市带或城市群。

第二节 沿海地区的城市化问题

一、城市化的普遍问题

城市通常对人口具有强大的吸引作用，经济发展致使大量的流动人口向城市集中，导致了城市人口的增加。新中国成立以来，我国城市人口一直处于增长中（存在波动），尤其是改革开放以来我国的城市人口迅速增加，城市人口占总人口的比重逐步上升。城市人口的增加为城市的发展带来了动力，同时大量的人口集中在城市，导致人口膨胀，也使城市面临巨大的压力。如果人口的过度集中超过了经济与社会的承受能力，就会引发一系列社会问题。近日有专家指出中国超大规模城市的"七宗罪"——房价飞涨、环境恶化、交通拥堵、排外倾向、治安混乱、形象丑陋、人际冷漠。其中比较突出的有如下几条。

（一）交通拥挤

交通问题一直是城市发展的首要问题之一。迅速发展的城市化以及城市人口的急剧膨胀使得城市交通矛盾日益突出，主要表现为交通拥挤以及由此带来的污染、安全等一系列问题。

《中国城市畅行指数 2006 年度报告》[①] 显示，2006 年 25 个直辖市或省会城市的畅行程度得分为 54.1 分，未达及格线，表明中国城市交通普遍处于拥堵困境。报告显示，上下班时汽车平均行驶速度为 23.5 千米/小时，仅比怠速行驶速度（20 千米/小时）高出 3.5 千米/小时，交通低畅通状况令市民不满意。25 个城市中，上下班通勤距离平均为 9.9 千米，其中北京、上海、天津 3 个直辖市的通勤距离最远，分别为 19.3 千米、16 千米和 13.4 千米，其通勤时间也位居前三位，分别为 43 分钟、36 分钟和 32 分钟。广州市民坐车族和开车族的平均通勤时间分别是 27.2 分钟和 23 分钟。报告指出，不论上下班距离有多大的远近差异，低畅行现象是普遍存在的。

城市交通拥挤带来的不良影响是显而易见的，也是与每个市民息息相关的。交通拥堵不仅会导致经济社会诸项功能的衰退，而且还将引发城市环境的持续恶化，成为阻碍发展的"城市顽疾"。首先，交通拥挤延误了人们的时间，增加了时间成本。其次，造成运输效率的损失。用在交通运输上的时间成本的增加和效率损失会增加商品的成本。再次，造成出行的舒适感下降，容易使人产生急躁和焦虑。最后，交通拥挤要消耗更多的燃料，破坏大气环境，同时也加重噪声污染。同时这不可避免地还会造成交通事故的增加。据英国SYSTRA 公司对发达国家大城市交通状况的分析，交通拥塞使经济增长付出的代价约占国

---

① 由上海华普汽车有限公司与零点研究咨询集团联合编制，2006 年 9 月 19 日公布。

民生产总值的 2%，交通事故的代价约占 GDP 的 1.5% ~ 2%，交通噪声污染的代价约占 GDP 的 0.3%，汽车空气污染的代价约占 GDP 的 0.4%，转移到其他地区的汽车空气污染的代价约占 GDP 的 1% ~ 10%。[①]

（二）城市环境污染严重

城市环境污染，是在城市的生产和生活中，向自然界排放的各种污染物，超过了自然环境的自净能力，遗留在自然界，并导致自然环境各种因素的性质和功能发生变异，破坏生态平衡，给人类的身体、生产和生活带来危害。城市环境污染的种类主要有：空气污染、水域污染、固体废物污染、噪声污染、土壤污染等。

我国城市面临着严重的环境问题。国家环保总局和国家统计局于 2005 年 9 月 7 日召开新闻发布会发布了《中国绿色国民经济核算研究报告 2004》[②]。该报告指出，研究结果表明 2004 年全国因环境污染造成的经济损失为 5 118 亿元，占当年 GDP 的 3.05%。报告表明，2004 年我国平均每 1 万个城市居民中有 6 个人因为空气污染死亡。2004 年全国由于大气污染共造成近 35.8 万人死亡，约有 64 万人患呼吸和循环系统疾病住院，约有 25.6 万新发慢性支气管炎病人，造成的经济损失高达 1 527.4 亿元。这些损失可能包括过早死亡经济损失、呼吸和循环系统疾病患病的住院治疗等。报告显示，2005 年，522 个城市中 39.7% 的城市处于中度或重度污染。机动车尾气排放已成为大城市空气污染的重要来源。时任国家环保总局局长周生贤指出，如果不及时提高机动车尾气排放标准和燃油品质，到 2015 年，城市机动车污染物排放量将比 2000 年提高 1 倍。周生贤在会上强调，中国大气环境形势依然十分严峻，城市大气污染问题依然突出。2005 年监测的 522 个城市中，4.2% 的城市达到国家环境空气质量一级标准，56.1% 的城市达到二级标准，39.7% 的城市处于中度或重度污染。

环境污染使得城市从传统公共健康问题（如水源性疾病、营养不良、医疗服务缺乏等）转向现代的健康危机，包括工业和交通造成的空气污染、噪声、震动、精神压力导致的疾病等。这些危害给社会所造成的经济损失很难进行计算，但许多城市问题的相关对策往往忽视了这些方面。对于普通的城市市民来说，这些损失是实实在在的。同时，这些问题对于城市的可持续发展都是巨大的潜在隐患。

（三）资源供给不足

城市作为人口高度密集的聚集地，在有限的空间里，各种生存资源的供给必然会因为过量的需求而显得不足。目前，水资源短缺是困扰全世界各国城市发展的一个重要因素。联合国环境署 2002 年在《全球环境展望》上指出，"目前全球一半的河流水量大幅度减少或被严重污染，世界上 80 多个国家或占全球 40% 的人口严重缺水。如果这一趋势得不到

---

① 陶纪明：《什么是"大城市病"》，新浪网，2006 年 7 月 28 日。

② 参见中国环保部环境规划院的网站，http://www.caep.org.cn/uploadfile/greenGDP/gongzhongban2004.pdf。

遏制，今后 30 年内，全球 55% 以上的人口将面临水荒"。[1] 在我国 668 个城市中，有 400 多个缺水，其中 100 多个严重缺水。中国是世界最缺水的 13 个国家之一，人均占有淡水量是世界人均量的 1/4，排在世界第 121 位。[2]

土地资源对城市化的重要性仅次于水资源。水资源短缺会直接影响到人的生存，而土地资源的紧缺却直接影响到城市化进程。土地资源紧缺也是城市化进程中所必然面临的问题。由于土地是有限的，在城市化的进程中，像北京、上海等大都市都出现了较为严重的土地紧张问题，土地对现代化大都市可持续发展的制约作用愈加突出。开辟新的发展空间、拓展地域范围已成为各大都市实现可持续发展的必然要求。现实中，各个沿海城市争相进行超高层建筑以及卫星城的发展，就是缓解城市用地紧张的明显实例。

二、沿海地区的城市化问题

沿海地区的城市化存在与其他内陆地区城市化问题相同的问题。除此之外，有些问题是沿海地区独有的。

（一）沿海各地区、各城市之间存在着较大差距，发展不平衡

1. 沿海各地区之间总体发展水平不平衡

学者郭文彬和韩增林选取了沿海港口城市经济发展具有代表性的 8 类 10 项评价指标对沿海港口城市的总体发展水平进行了比较。评价指标是：综合经济实力，产业结构指数，市财政收入，城镇化水平，人民生活质量，农民收入，科教水平，对外联系度，见表 4 - 3。

表 4 - 3 我国沿海港口城市发展情况

	地区	得优指标数	得中指标数	得差指标数
先进地区	上海	10	0	0
	广州	10	0	0
	天津	10	0	0
	青岛	9	1	0
	宁波	8	2	0
	大连	8	2	0
	烟台	6	4	0
	福州	6	4	0
中等地区	南通	4	6	0
	镇江	4	6	0
	温州	3	5	2
	秦皇岛	2	5	3

① 联合国环境规划署：《全球环境展望 3》，刘毅译，中国环境科学出版社，2002 年，前言第 2 页。
② 雷国本：《我国城市化中的制约因素和模式选择》，《城市发展研究》，2007 年第 6 期。

续表

	地区	得优指标数	得中指标数	得差指标数
落后地区	连云港	3	1	6
	北海	1	3	6

资料来源：郭文彬、韩增林：《中国主要沿海港口城市经济水平空间差异与发展建议》，《海洋开发与管理》，2007年 第5期。

　　郭文彬等认为，总体上看，沿海14个港口城市，先进地区、中等地区和落后地区分别占了8个、4个和2个城市。先进地区内上海、广州、天津14个指标中得优就达到了10个，而与此相对的是，在落后地区内连云港、北海不但得优指标少，而且14个指标中得差指标就达到了6个。中等地区内，只有4个城市，相对来说数目也显得比较少。可以说，沿海城市经济发展水平差异十分显著。从空间上来看，先进类型主要集中在渤海和黄海海区，而中等和落后类型主要分布在东海和南海海区。具体到各个类型区，在先进地区内，上海、广州、天津可以划分为最先进组，其余5个城市划分为先进组，两组之间有一定的差距，但差距并不大，因此，先进地区内，各城市发展比较平衡。在中等地区内，根据指标数量，很多都距离得优指标的上限不远，发展潜力很大。在落后地区内，北海最为落后，从各指标数量上看，连云港与北海之间的发展可以说是不平衡的。[①]

　　沿海各城市间发展状况的差距，还可以表现在城市公用事业、城市建设、医疗、科技等方面（表4-4）。如城市园林、绿地面积作为衡量城市发展水平的一个重要指标，将之与区域总面积相比较，经济发达的上海、江苏、广东等地明显就比经济不发达的广西、海南等地多出好几倍。

表4-4　我国沿海各省区城市公用设施情况（2011年）

地区	建成区面积（平方千米）	年末实有道路长度（千米）	城市园林、绿地面积（公顷）	城市用气普及率（%）	卫生机构数量（个）
天津	710.6	5 991.3	21 728.0	100.00	2 472
河北	1 684.6	12 286.2	71 103.0	100.00	18 046
辽宁	2 276.5	14 468.4	95 968.0	98.36	14 925
上海	998.8	4 708.0	122 283.0	100.00	2 526
江苏	3 493.8	32 491.4	237 486.0	99.58	15 324

---

　　① 郭文彬、韩增林：《中国主要沿海港口城市经济水平空间差异与发展建议》，《海洋开发与管理》，2007年第5期。

地区	建成区面积 （平方千米）	年末实有道路长度 （千米）	城市园林、 绿地面积 （公顷）	城市用气普及率 （%）	卫生机构数量 （个）
浙江	2 221.1	16 819.1	105 200.0	99.84	12 555
福建	1 130.0	7 238.5	50 802.0	99.11	7 934
山东	3 751.2	34 680.8	165 577.0	99.74	16 323
广东	4 829.3	42 874.7	410 600.0	98.39	16 318
广西	1 014.4	6 823.3	64 461.0	93.91	9 416
海南	238.0	2 013.3	49 784.0	96.09	2 464

资料来源：表格根据《中国统计年鉴2012》整理而成。

另以东部沿海各省区的普通高校数（本、专科院校）为例，据统计显示，截至2011年年底，高校数量居前两位的是江苏省、山东省，分别为156所和146所，高校数最少的省区为海南省和天津市，分别为17所和56所，各地之间差距过大。[1]

2. 沿海各地区和城市之间的经济发展水平不平衡

首先，沿海各地区的经济总量存在着较大的差异。据《中国统计年鉴2012》统计，以城镇居民平均每人全年收入为例，2011年全国平均人均可支配收入为21 809.78元，在东部沿海省区中，位居前两位的是上海市和浙江省，分别为36 230.48元、30 970.68元，位居最后两位的是海南省和河北省，分别为18 368.95元、18 292.23元。海南、河北两省的城镇居民人均收入低于全国平均水平，而上海和浙江城镇居民的平均收入则是全国的1.66倍和1.42倍。

以生产总值为例，根据《中国统计年鉴2012》显示，在东部沿海的两个直辖市中，2011年上海的生产总值为19 195.69亿元，而天津的生产总值仅为11 307.28亿元，仅占上海的58.91%。在省级行政区中，广东省的生产总值为53 210.28亿元，海南省仅为2 522.66亿元，仅占广东省的4.74%。这表明各城市经济发展水平过快，造成了各地区城镇居民的生活收入差距过大。

其次，沿海各地区的经济结构发展不平衡。据《中国统计年鉴2012》显示，2011年广东省接待入境旅游人数为3 331.63万人，而同期海南省则为81.43万人，仅为前者的2.44%，相差过大。旅游人数相差较大表明不同地区之间对游客的吸引力不同，直接影响了旅游业的发展，进而造成第三产业乃至各地区经济水平的差异。

---

[1] 《中国统计年鉴2012》，中国统计出版社，2013年版。

根据国家统计局《分城市软件开发企业基本情况（2002）》显示，2002年沿海城市中，软件开发企业数最多的城市为广州市（33个），从业人员年平均数是10 119人，利润总额为19 375万元；而企业数量最少的为海口市，仅有9个，从业人员年平均数是314人，利润总额仅为60万元。[①]

沿海省区和城市旅游业、软件企业存在较大的差异，表明各个城市的经济结构有较大的差别，国民经济比例不同，进而使得各城市之间经济水平存在较大差距，地区间发展不平衡。

（二）沿海各城市人口数量、结构差异较大

1. 沿海各城市之间人口数量差距大

在两个沿海直辖市中（上海、天津），上海人口要比天津多近千万人。在地级市中，有的城市人口超过700万人，如唐山、南通、温州、青岛等；有的城市不足100万人，如锦州、营口、舟山、珠海、防城港等；有的城市人口才达到50万人左右，如沧州、三亚等。人口规模差距过大，直接造成了城市间的发展差距。

2. 沿海各地区的人口城乡分布不平衡

经济发展程度决定着人口城乡分布。经济不发达的沿海城市拥有大量的农业人口，城市人口在总人口中的比重较小。尽管全国的城市化进程进入21世纪之后得以快速推进，但各地域城乡人口分布状况还是有明显的差别。如沿海两个直辖市的城镇人口均达到80%以上，经济发达的江苏、浙江、广东的城镇人口均比其乡村人口高出20~30多个百分点，而广西、河北等省区则是乡村人口比城镇人口多出10个百分点左右（表4-5）。

表4-5　我国沿海省区人口城乡构成（2011年）　　　　　单位：万人

地区	总人口数	城镇人口		乡村人口	
		（11月1日凌晨）			
		人口数	比重（%）	人口数	比重（%）
全国	134 735	69 079	51.27	65 656	48.73
天津	1 355	1 091	80.50	264	19.50
河北	7 241	3 302	45.60	3 939	54.40
辽宁	4 383	2 807	64.05	1 576	35.95
上海	2 347	2 096	89.30	251	10.70
江苏	7 899	4 889	61.90	3 010	38.10
浙江	5 463	3 403	62.30	2 060	37.70

---

① 《分城市软件开发企业基本情况（2002）》，国家统计局网，2003年9月24日。

续表

地 区	总人口数	城镇人口		乡村人口	
		(11月1日凌晨)			
		人口数	比重（%）	人口数	比重（%）
福 建	3 720	2 161	58.10	1 559	41.90
山 东	9 637	4 910	50.95	4 727	49.05
广 东	10 505	6 986	66.50	3 519	33.50
广 西	4 645	1 942	41.80	2 703	58.20
海 南	877	443	50.50	434	49.50

资料来源：表格根据《中国统计年鉴2012》整理而成。

3. 沿海各地区人口在三大产业中分配不平衡

河北、广西、海南等省区人口主要集中在第一产业，而东南沿海各省如上海、江苏等人口主要集中于第二、第三产业，且均高于全国平均水平。人口在各产业间的分布不均从侧面体现了沿海各省产业结构的不平衡（表4-6）。

表4-6 我国沿海各省区人口产业结构构成

数据 省区	就业人员（万人）				比重（%）		
	总计	第一产业	第二产业	第三产业	第一产业	第二产业	第三产业
全国	76 990.0	31 444.0	20 629.0	24 917.0	40.8	26.8	32.4
天津	432.7	77.9	181.3	173.6	18.0	41.9	40.1
河北	3 567.2	1 488.7	1 148.7	929.8	41.7	32.2	26.1
辽宁	2 071.3	703.3	524.3	843.6	34.0	25.3	40.7
山东	5 262.2	1 960.1	1 721.9	1 580.3	37.2	32.7	30.0
上海	876.6	53.8	348.5	474.3	6.1	39.8	54.1
江苏	4 193.2	950.3	1 830.4	1 412.5	22.7	43.7	33.7
浙江	3 615.4	693.3	1 653.5	1 268.6	19.2	45.7	35.1
福建	1 998.9	648.3	705.8	644.7	32.4	35.3	32.3
广东	5 292.8	1 546.7	1 776.7	1 969.5	29.2	33.6	37.2
广西	2 759.6	1 521.1	557.4	681.1	55.1	20.2	24.7
海南	414.8	221.8	44.4	148.6	53.5	10.7	35.8

资料来源：表格根据《中国统计年鉴2008》整理而成。

（三）沿海各类城市的辐射作用不明显

改革开放以来，由于区位优势和国家政策的倾斜，沿海地区经济社会迅速发展，取得了举世瞩目的成就。但是不同规模的城市经济发展状况不同，这些城市在各个省市的分布也不均衡。不同规模的沿海城市在自身壮大的同时对其他地区的带动作用不明显，辐射能力不强，导致区域间差距逐渐拉大。江苏省的经济发展一直居于全国前列，这与它拥有最多的大城市是分不开的（表4-7）。

表4-7　我国沿海省区地级城市数人口数量分布（2011年） 单位：个

地区	合计	按城市市辖区总人口分组					
		400万人以上	200万～400万人	100万～200万人	50万～100万人	20万～50万人	20万人以下
天津	1	1					
河北	11		2	2	6	1	
辽宁	14	1	1	2	9	1	
上海	1	1					
江苏	13	1	7	3	2		
浙江	11	1	1	3	5	1	
福建	9		1	3	1	4	
山东	17		5	8	4		
广东	18	2	2	7	6	4	
广西	14		1	6	4	3	
海南	2			1	1		

资料来源：《中国统计年鉴2012》，中国统计出版社，2013年。

一方面，大城市辐射能力不强。我国很多大城市是因为行政区划调整而形成的，它们都在各自省份的行政管理框架内发展。这种行政管理框架已经严重地影响到重要的沿海经济中心城市自身的良性发展和对外辐射功能的发挥。在沿海各省，我们经常会看到这些城市与省会城市的地位性摩擦，甚至造成某种恶性竞争。这样，大城市就很难发挥辐射带动作用。

以京津唐地区为例，该地区经济发展的一个最大特点是区域内部发展差距很大。2006年8月9日，国务院正式发布对《天津市城市总体规划（2005—2020年)》的批复，首次明确天津为中国北方经济中心，北京转而定位为"国家首都、国际城市、文化名城、宜居城市"，但是两城市在京津唐城市圈内对领导地位的争夺依然激烈。中心城市地位的争夺导致两城市经济社会发展迅速，而次中心城市经济实力不强，接受核心经济辐射能力有限，使城市群边缘地区很难分享中心城市的发展成果。

另一方面，中等城市带动作用有限。沿海地区中等城市自身发展不充分，因而对周边地区特别是农村地区的带动作用不明显，尤其表现在吸纳非农业人口的能力方面（表4-8和表4-9）。

表4-8 不同规模城市在吸纳非农业人口的发展 单位：万人

年份	1957—1965	1965—1975	1975—1985	1985—1998
城镇非农业人口的增加	1 076	321	3 610.76	4 389.32
超大城市非农业人口的增加	476	-141	1 472.96	2 006.41
特大城市非农业人口的增加	空缺	空缺	空缺	1 614.00
大城市非农业人口的增加	-131	626	527.11	822.99
中等城市非农业人口的增加	326	243	903.20	1 315.56
小城市非农业人口的增加	411	-413	707.49	-1 370.40

表4-9 依据各类城市对城市非农业人口增加的贡献的排序

年份	1957—1965	1965—1975	1975—1985	1985—1998
超大城市	1	3	1	1
特大城市				2
大城市	4	1	4	4
中等城市	3	2	2	3
小城市	2	4	3	5

资料来源：陈甫军、陈爱民：《中国城市化：实证分析与对策研究》，厦门大学出版社，2002 年。

从不同规模城市在吸纳非农业人口的发展的排序上可以看出，中等城市的排名比较靠后，贡献率低。与大城市相比，中小城市在经济总量和经济结构上发展不完善，因而对周边农村地区的辐射能力降低。

（四）某些沿海地区城市之间联系较弱，还没有形成非常明显的城市圈或城市带

城市群的发展将带动整个沿海地区乃至整个国家的发展。但是到目前为止，除了"珠三角"、"长三角"、山东半岛、京津唐等地区明显形成了联系紧密的城市圈或城市带之外，其他沿海地区，如北部湾和台海地区，城市间的联系还比较弱，区域经济协调发展趋势不明显，还没有形成非常明显的城市圈或城市带。

北部湾城市圈是中国沿海地区最南端的一个城市圈，也是经济实力最弱的一个城市圈。它以广西壮族自治区北海市为经济中心城市，以南宁和海南省海口为关联中心城市，

联合钦州、防城港等城市组成。从地理位置上看，北部湾城市圈靠近东盟国家，与东盟关系密切，极易发展成为国际化区域。然而，多年来，广西和海南的发展受到一些不利因素的影响，中国与东盟各国的利益博弈、交通不便，以及北海远未成长为经济中心的构架等一系列问题导致这一城市圈长期发育不良。

上述沿海城市存在的四个问题既相互区别又相互联系。城市对周边地区的辐射作用不明显以及各城市之间联系较弱拉大了沿海各地区的差距，而沿海地区差距拉大越发导致人口由不发达地区向发达大城市流动，反过来促进大城市的进步。因此，我们分析原因和制定解决策略的时候不能只针对个别问题，而是要统观全局，把存在的问题联系起来，从整体角度出发，实现沿海地区全面协调可持续发展。

三、沿海地区城市化问题产生的原因

与其他区域的城市化相比，沿海地区的城市化要早得多。改革开放的第一批沿海开放城市可以说目前基本上都成为该城市所在地区的经济发展中心。但是，由于没有经验可以借鉴，再加上历史影响、政策导向、地理位置等因素，沿海地区的城市化就变得极为复杂，各种问题在这种"摸着石头过河"的过程中不断产生。究其根本原因，从发展社会学和环境社会学的角度来看，可以归结为以下几点。

（一）传统发展观念导致城市定位模糊

以发展社会学的视角看，城市发展以合理的城市规划为基础，而城市规划的具体内容应因城市定位为指导。城市定位是城市特性的集中反映，是实现城市职能的载体和前提条件。只有在掌握大量具体情况的基础上，尤其是对城市本身的优势和劣势的掌握下，才能对城市进行准确清晰的定位。只有合适实际的城市定位，才能充分发挥自身的优势，才能扬长避短，减少、淘汰不适应现状的产业，突出推动地方特色经济，显著发挥城市的正面功能，实现城市及区域范围内的协调发展。

但是，传统发展观念在我国沿海城市的初期城市化中仍然占据着支配性地位。最典型的就是大多数沿海城市过于依赖自然资源的优势，将整个城市的发展都寄托在开发和利用自然资源之上，从而导致了资源的过度消耗，形成了不可持续的发展模式。同时，对城市自身的区位优势、人力资源等方面认识不够，没有很好地将这些要素与资源开发结合起来。这些都明显地体现在各个城市的发展规划中，这是典型的城市定位模糊。

城市定位模糊是沿海地区城市化问题产生的根源之一。模糊的城市定位使得沿海城市对自身现状认识不清、功能定位不足造成盲目投资、重复建设，导致产业效率低下、地位摩擦频发、本位主义盛行、恶性竞争严重，等等。这些问题不仅抑制了城市自身的发展，使城市间的差距逐渐拉大，而且削弱了城市对周边地区的辐射能力，影响对周边地区的领导和示范作用。

但是，从环境社会学的角度看，由于地域条件的限制，并不是每一块地域都适合进行

大规模的工业化、城市化活动的。费孝通先生提出的小城镇建设在江浙一带就得到了很好的体现。如果非要人为地发展大城市，其城市化就必然会遇到各种来自生态环境的压力。因此，无论是追求产业的集中、规模发展，还是追求小城镇的可持续发展，都必须重视城市定位。

（二）体制改革不完善致使沿海城市的产业分工体系不合理

中国从计划经济向社会主义市场经济的转变中，由于政治体制和社会体制的变革滞后，因此，体制改革出现了种种不协调的现象。这种状况对产业的分布和产业结构的调整有着重大的影响。沿海城市作为中国改革开放的排头兵，各个城市的产业结构调整问题就表现得尤为明显。城市及城市之间的经济结构不均衡、发展不平衡、辐射力不强等问题，都是由于产业分工体系不合理导致的。

沿海城市的产业分工体系不合理主要体现在产业结构不合理和产业集中程度弱两个方面。一个地区的产业结构影响着该地区资金、劳动力、人才、信息等各个发展要素的分配。由于自身条件不同，政府对沿海地区各城市产业结构比重的规划也不同，因而造成人口在地区之间、城乡之间和产业结构之间的差异，形成沿海地区经济发展不平衡的局面。加之政府在城市发展导向上的部分不合理政策，使得一些城市产业结构雷同，制约了城市间的经济往来联系，限制了经济发展，难以通过产业规模壮大提供更多的就业机会。

城市在吸引了一定规模的资源后，所提供的各种基础设施、社会环境及自行增长的市场力量势必吸引更多的资本和劳动力流向城市，促进产业在地理上的集中。产业集聚效应有利于集群产业竞争力的提高，从而促进工业化和城市化的互动发展。然而，我国沿海地区中小城市尽管在数量上增加很快，但由于其平均规模变小，对城市的规模性发展的影响却是负面的。因为小规模的城市聚集起不到市场和服务的功能，自然无法形成规模大、集中程度强的产业结构，也就无法吸纳更多的劳动力，更大限度地实现城市的辐射功能。

因此，从发展社会学的角度看，追求产业聚集效应是城市发展到一定程度的必然趋势。但是，从环境社会学的角度来看，并不是所有的城市所在的地域都适合这种发展模式，发展模式应该以自身的生态承载力为基础。"城市化如果一味地表现为空间上的规模化而不是结构化，数量扩张而不是质量提高，无序蔓延而不是弹性调控，那么不仅所要追求的规模效应、集聚效应会适得其反，而且难以跳出为大规模重复性建设和空间资源粗放式利用付出沉重代价的陷阱。"[1]

（三）城乡二元结构的影响下沿海城市的就业结构落后于产业发展

城乡二元结构作为我国一个普遍性的社会结构模式，主要体现为城市与农村在就业制度、社会保障制度、户口制度、产业制度等方面的差异。城市越发达的地区，这种二元结构对该地区的发展所产生的各种负面影响就越明显。城市化作为一个将农村纳入城市的过

---

① 张国平：《对我国城市化进程中两大主题的深度思考》，《社会科学战线》，2008 年第 8 期。

程，本身就是一个瓦解城乡二元结构的过程。因此，沿海城市作为城市化的先锋，在实现快速经济发展的过程中，必然面对着来自城乡二元结构所带来的重重阻力。这些阻力中以就业结构的调整落后于产业结构的发展这个问题对城市化进程的影响最大，因为它不仅仅影响经济的发展，而且也直接决定着农村人口向城市流动的可能性。

现代经济增长方式本质上是以产业结构变动为核心的经济成长模式。产业结构的变动必然要求就业结构相应调整，以引导劳动力在各个产业之间的合理流动，从而促进城市化的发展。然而，现实中就业结构的升级远远滞后于产业结构调整的速度，这是因为产业结构的调整更多的是生产力发展的促动，就业结构的调整则更多地依赖生产关系的改变，而一定的生产关系总是落后于生产力的发展。沿海城市作为最早开展、也是速度最快的城市化地区，改革开放前计划性的片面重工业化和改革开放后市场性的过度农村工业化，造成许多城市所在地区的工业化过程中服务业等第三产业明显落后于第一产业和第二产业的发展。这就制约了非农产业就业的增长，导致产业结构与就业结构之间的偏差。这种偏差往往造成人口的无序流动，以及城市中产业的畸形发展。最终导致城市化的速度明显减缓，城市与农村之间的差距更大，各种城市化问题变得更为复杂而难以解决。这些问题不仅会影响到城市的整体发展，而且会影响到整个社会的稳定。

总之，沿海地区的城市化问题比起内陆地区的城市化问题要复杂得多，也要严峻得多。而且作为改革开放的先头兵，沿海地区的城市化问题在其他地区的城市化中也会出现，并且，沿海地区解决各种城市化问题的策略也都会成为全国各地城市发展策略的模板。因此，发展策略的制定依据之一，城市化问题的归因就显得更为重要了。上述的三个因素可以说是所有沿海地区城市化问题产生的最普遍、最主要的根源所在。

第三节　沿海地区城市化发展策略

中国自20世纪80年代实施改革开放以来，沿海地区先后通过设立经济特区、开放14个沿海城市、开发上海浦东等重大政策，使该地区成为中国经济最活跃、吸引外资最多、经济总量最大、对国家贡献最明显、对外影响力最强的区域。沿海地区城市的发展对于我国的整体发展非常重要，既可以不断提高我国的城市化水平，又可以发挥辐射作用，带动影响其他地区的发展。随着中国加入WTO和更加开放地参与国际竞争格局的形成，中国沿海城市面临更大的机遇和挑战。

一、已有的城市化发展策略

沿海城市基本上都是重要的港口城市，也是首批对外开放的试点城市。因此，沿海城市对全国其他区域的模范作用和辐射作用是非常明显的。关于沿海城市的发展模式问题，国内外学者都已有众多探讨，而且现实中各个城市发展规划也提出了自己的发展思路。归纳起来，目前城市化的发展策略主要有以下几种。

（一）实现城市群的发展策略

城市发展需要一个很重要的基础，那就是交通条件。快捷的交通运输系统是城市化得以快速扩展的重要条件。而交通运输系统的强化往往体现为城市之间的联系更加紧密及便捷，这就使得城市群的发展成为一个城市发展到一定阶段的必然策略。最明显的就是高速公路或铁路的建成，往往使得几个邻近的城市在经济发展等方面连成了一个整体。

城市群的发展也是当今世界各国之间经济竞争的要求。然而，当今世界激烈的竞争已不仅仅表现为单个城市之间的竞争，而是几个城市甚至整个地区之间的竞争。城市之间如果单打独斗，互不依托，不仅将损害各个城市的利益，也将削弱整个地区甚至国家的实力。目前，在中国沿海地区，经过30多年的发展，已经形成了几个巨大的、最具影响力的城市群，它们不仅成为中国经济最重要的增长点，而且成为中国经济走向世界的起点。这几个城市群的基本情况如下①。

长江三角洲城市群，包括江苏省中南部8市（南京、扬州、泰州、南通、镇江、常州、无锡、苏州），浙江北部6市（杭州、嘉兴、湖州、宁波、绍兴、舟山）和上海全市，共15个地级以上城市，总面积9.97万平方千米，总人口约8 000万人，其核心区域是苏、锡、常、杭、嘉、湖、沪7市。长江三角洲以其仅占全国1%的土地面积、6.25%的人口，却占据了全国21%的工业总产值，成为我国沿海规模最大、实力最强的经济区。中国经济实力最强的35个城市中，有10个位于长江三角洲；全国综合实力百强县，长江三角洲占了一半。这个城市群的最大优势是它的经济区位和经济背景，位于中国沿海的中间位置，客观上更有利于形成全国经济中心，此外，历史上江浙一带就是鱼米之乡，经济发达。近代以来也是民族工商业发展最早的地区，特别是上海，早在20世纪二三十年代，已经是全国的经济中心。

珠江三角洲城市群，包括广东省大部分以及香港与澳门，以香港为核心，以深圳香港城市联合体为中心区域，以广州为关联中心城市，联合周边的东莞、惠州、汕尾、清远、佛山、中山、江门、阳江、珠海、澳门等城市组成，其面积约4.3万平方千米，人口约4 000万人，经济总量约为20 000多亿元。这一区域毗邻港澳，是我国改革开放以来外向型经济发展最快、最具活力的地区，城市化速度快，非农业人口比重已经达到42%。2001年，"珠三角"地区实现国内生产总值、地方财政收入、外贸出口、实际利用外资分别占全国总量的9.2%、9.1%、34.6%和27.1%。这个城市圈具有市场化运作、邻近香港这个国际化城市的优势，为"珠三角"的经济社会发展提供了有利的条件。

山东半岛城市群，主要包括济南、青岛、烟台、淄博、潍坊、威海、东营和日照8个设区城市及其下属的22个县级市，面积约7.3万平方千米，2001年人口约3 900万

---

① 宿鹏：《山东半岛城市群与珠三角、长三角城市群发展之比较》，《山东社会科学》，2004年第2期。

人，是山东省经济和城镇发展的重心所在，也是我国经济社会发展较快的城市群之一。近年来山东半岛城市群经济总量不断增加（2001 年 GDP 总量为 7 013 亿元）。在区域内，"海尔"、"海信"、"澳柯玛"、"双星"、"青啤"、"轻骑"、"小鸭"、"浪潮"、"中创"、"重汽"、胜利油田、齐鲁石化等国内知名制造企业，紧紧地附着在这条城市链上，形成一条蔚为壮观的制造产业带。近年来，山东已提出"半岛城市圈"、"环黄海经济带"的概念，并表示要"走出环渤海"，这显示了该城市圈进一步成熟和加强城市圈内在联合的趋势，是沿海地区不可忽视的一支力量。

京津冀城市群，包括北京市、天津市和河北省的石家庄、唐山、保定等 8 个城市及其所属区域。目前京津冀城市群经济总量已经很大，但反映区域经济发展水平的人均地区生产总值低于"长三角"和"珠三角"。京津冀经济发展的一个最大特点是区域内部发展差距很大，次中心城市经济实力不强，接受核心经济辐射能力有限，使城市群边缘地区很难分享中心城市的发展成果。

辽东南城市群，这是中国最靠北端的沿海城市圈，它以沈阳为区域经济的中心城市，以对外开放的桥头堡大连为关联中心城市，联合辽东南地区的营口、锦州、盘锦、抚顺、铁岭、本溪、辽阳、鞍山、丹东等城市组成。这个城市圈处于"环渤海"、"东北亚"两个经济圈的交汇处，是关内与东北地区联系的咽喉。在国家振兴东北老工业基地，实施与"西部大开发"并列的"东北大改造"战略牵引带动下，这个城市圈有望成为沿海地区 4 个次级城市圈中最强的城市圈，成为仅次于三大城市圈的全国第四大城市经济联合体，乃至东北亚区域经济发展的核心区之一。

海峡两岸城市群，这是位于"长三角"和"珠三角"之间的一个次级城市圈。它目前以闽南金三角地区的厦门为经济中心城市，以福州为关联中心城市，联合福建沿海地区的漳州、泉州、莆田等城市组成。从经济的角度看，台海城市圈应该包括海峡对岸的台北、基隆、新竹和台中诸城市。如果这个城市圈走向完整，将有可能形成中国沿海地区另一个具有重大国际影响力的主流城市圈。

北部湾城市群，它是中国沿海地区最南端的一个城市圈，也是经济实力最弱的一个城市圈。它以广西北海市为经济中心城市，以南宁和海南海口为关联中心城市，联合钦州、防城港等城市组成。从地理位置角度出发，北部湾城市圈与东盟国家靠近，具有发展成为与东盟关系密切的国际化区域的便利条件。然而，多年来，广西和海南的发展受到一些不利因素的影响，如房地产业泡沫破裂等导致这一城市圈长期发育不良，目前北海还未成为经济中心的构架，南宁和海口的经济实力也比较有限。但近年来该地区已有良好的发展势头，广西各界纷纷呼吁加大以北海为中心的沿海城市建设，要求将钦州和防城港划归北海管辖，形成北部湾真正的大城大港，确立北部湾经济中心城市的地位。同时，海口通过与琼山的合并，已形成百万人口的大城市格局，初显中国南海地区中心城市的风采。北部湾城市圈的崛起，有利于改变中国沿海地区西南端城市圈和经济带发展薄弱的局面。

综合来看，在中国沿海地区，已经和正在形成"三主四次"的七大城市圈，它们主次相递，关联共生，由北向南分别是：辽东南城市圈（次）、京津冀城市圈（主）、山东半岛城市圈（次）、"长三角"城市圈（主）、台海城市圈（次）、"珠三角"城市圈（主）、北部湾城市圈（次）。这七大沿海城市圈目前大小不一，实力不一，影响力不一，但都是中国对内推动全国经济发展的重要力量和对外开放的重要前沿阵地。各大城市圈内部都在积极进行必要的区域整合，以便实现资源的合理配置，产业的合理分工，推动各城市圈整体提升运转效率和效益，增强对外竞争力。

（二）正在形成的城市链发展策略

在许多沿海的发达国家，其沿海城市群已经发展得比较完善了。沿海城市之间的交流，快捷的交通和联络方式以及对等的经济地位，使得各个沿海城市都以群的形式进行相互之间的合作和竞争。这就是目前正在发展的城市链现象。

所谓城市链是指由多个城市或城市圈像葡萄串那样串连而成，以交通为纽带的一种窄长形大跨度的城市空间组合形式。在发展过程中，各个城市不能孤立发展，应该通过相互贸易、相互合作等方式加强在信息、科技、人才、观念、管理等方面的交流，在促进城市之间相互联系的基础上进一步推动相对落后地区的城市化进程，加快城市链区域范围内中小城市的发展，在比较大范围内推进城市化进程，加快三次产业梯度转移，推动所在区域经济的发展。城市链其实质是一个城市联盟，联盟城市中人们的活动区域、信息来源、工作以及消遣的方式都比原来大了许多，将会比原先单个城市或城市圈发挥更大的作用，综合性的整体功能远大于单个城市或城市圈功能的叠加。[①]

就目前的发展态势来看，在东部沿海地区发展城市链，具有以下几个方面的作用：推进两大城市群之间相互交流；带动城市链内落后地区经济发展，促进城市链内小城镇发展；大量吸纳中西部地区农业人口，为东部沿海城市的发展提供人力支持，同时促进中西部地区的发展。

（三）城市带的理想发展模式

发展沿海港口城市的一个最主要的目的是加强对外交流。1933 年，德国著名地理学家克里斯泰勒（W. Christaller）就认为，城市是人类社会经济活动在空间分布的集聚点，也是区域经济发展的核心，许多不同层次的点和轴线组合成为地区城市群网、不同规模的城市是各级大小区域的中心，起着周围地区的中心地作用，并依赖于集散输送地方产品与向周围地区人口提供货物和服务而存在。[②] 因此，沿海港口城市的中心地位一旦确立，那么，各个国家与地区之间的沿海城市就成为各自对外联系的聚集地。这些城市之间的紧密关联就构成了城市带。

---

① 胡刚：《中国东南沿海地区城市链研究》，《热带地理》，2007 年第 2 期。

② 周一星：《城市地理学》，商务印书馆，1995 年，第 340~345 页。

　　城市带是城市群发展到成熟阶段的最高空间组织形式，其规模是国家级甚至国际级的。人类历史上已经产生了一些对全球经济起着重大影响作用的沿海城市带，例如，美国东北部大西洋沿岸城市带、美国西南部太平洋东岸城市带，欧洲西北部沿海城市带，日本太平洋沿岸城市带。一个个沿海城市的发展，形成了一个个庞大的沿海城市圈，进而连贯成为一条条巨大的沿海城市带。这些巨大的沿海城市带不停地焕发出巨大的能量，推动全球经济向更高的方向前进。在国内有学者提出在我国的沿海地区发展城市带，以此来促进沿海地区乃至整个国家的发展。如有学者就提出21世纪中国沿海城市发展的抉择就是构造三大港口城市带，即以天津为中心的环渤海沿岸港口城市带、以上海为中心的中部沿海港口城市带和以香港为中心的南部沿海港口城市带。[①]

　　可以说，从城市群到城市链，再到城市带，这是城市化的一个典型空间扩张模式。目前，世界各个沿海国家的沿海城市化都在这个模式之中。但是，这个模式已经引起了人们的反思，反思的动因就是沿海城市生态环境的日益恶化。城市集群化伴随的是人口高度的密集化和资源的高度集中化，其后果就是人口的需求远远超过了城市的生态承载力，城市面临着各种生态危机。

二、沿海城市化发展的几点建议

　　事实上与中西部地区相比，沿海地区的交通条件相对完善，但仍然发展不平衡，可见交通状况不是阻碍沿海地区协调发展的唯一因素。政策等其他因素对沿海地区的发展同样具有重要作用。

　　根据对沿海地区城市化存在问题的描述和对前人提出对策的总结和分析，本书对沿海地区城市化协调发展有以下几点建议。

（一）明确城市定位和各城市的地位关系，完善城市群建设

　　城市群的提出是为了优化一定地区范围内的资源整合，促进地区的整体发展。因此，城市群不是几个城市的机械组合，而是一个有机的整体。城市群中的每个地区都有自身的发展优势，都对整体的发展有不可或缺的作用。目前，沿海地区城市群建设已初具规模，但城市间因地位摩擦导致的恶性竞争削弱了大城市的对外辐射作用。因此政府应根据所在城市群的发展阶段适时提出各城市的发展定位。这样一来，次级城市可以将自身优势发挥到最大，在功能分化、产业结构和劳动力配置方面配合中心城市的发展要求；中心城市在自身迅速发展的同时充分发挥领导和带动作用，在资金、技术、信息等方面支持次级城市。城市地位的明确和城市群的完善可以有效解决大城市辐射作用弱的问题，进而实现真正意义上的协调发展。

---

　　①　易志云、胡建新：《我国沿海港口城市的结构分析及发展走势》，《天津商学院学报》，2000年第5期。

（二）以产业转移为基点完善产业分工体系，积极推动中小城市的发展

沿海各地区经济发展阶段不同，不能盲目地用固定的产业分工体系限制其发展。产业转移是使沿海地区协调发展的途径之一。

经济发达的城市可以利用产业转移的契机，转移出技术含量低的传统产业，腾出空间和精力致力于技术含量高的行业，如海洋石油工业、海底采矿业、海水养殖业、海水淡化工业、滨海旅游业、海洋能源利用业等新兴海洋产业。

经济欠发达地区中小城市经济结构不完善，城市功能不全。可以通过产业转移引进发达地区转移来的产业，与当地支柱产业形成配套的产业体系。这不仅能提高当地产业的竞争力，同时也派生出对服务业发展的更高要求。当中小城市因为服务业的发展聚集了一定规模的服务功能，就会吸引更多的金融、保险、文教等现代服务产业向其聚集。

总的来说，产业转移一方面加强了沿海各城市各地区之间的协作和联系，使经济欠发达地区共享改革开放的发展成果；另一方面缓解了城市人口规模差异大和区域内人口在产业结构上的分布不平衡问题，促进城市化的协调发展。

（三）强化交通建设，重视城市之间的联系纽带

交通是经济增长的载体，沿海城市的辐射作用是以交通线为载体的，因此加快沿海地区的交通基础设施建设，构筑沿海便捷的交通体系对促进沿海地区的开发具有重要的影响。

目前国内虽然区域间交通发展很快，但对完善城市圈之间交通体系还不够重视，城市圈间的交通设施不够齐全，维系城市圈之间以及周边地区的交通基础设施仍然只是公路，沿海铁路、高速公路以及海上航线等建设不充分，城市圈之间的连接受到影响，彼此间交流、贸易受到交通设施的限制。政府要加大在沿海交通基础设施上的投入，在沿海构筑交通大通道，建立完善的交通体系，为沿海地区的开发奠定良好基础。只有完善交通建设，沿海地区才能利用交通便利这一条件发挥地区的优势，依靠本地丰富的土地、人力、海洋、矿藏资源走新型工业化道路，实现地区经济的持续增长，发挥对周边地区的辐射作用，带动非沿海城市的发展。

（四）大力推进小城镇建设，缩小城乡差距

费孝通先生的小城镇建设思想，应该说是非常适合中国所有地区的城市化道路。对于中国这样一个非农人口相当多的国家来说，发展小城镇对于城市化的推进无疑是极为重要的。从现实状况来看，小城镇的发展确实推进了我国的城市化进程，例如，长江三角洲地区和珠江三角洲地区的城市化发展，在很大程度上就是依靠了小城镇的发展。而且，大中型城市一直增长过快，而小型城市的发展却相对缓慢（见表4-10）。发展小城镇仍然具有巨大的空间。

表 4 – 10　不同规模城市的年均增长率（1985—2003 年）

城市	1985 年	2000 年	2003 年	年均增长率 （1985—2000 年） （%）	年均增长率 （2000—2003 年） （%）
城市总数	324	663	660	6.98	- 0.15
200 万人口以上的城市	8	13	33	4.17	51.28
100 万 ~ 200 万人口的城市	13	27	141	7.18	140.74
50 万 ~ 100 万人口的城市	31	53	274	4.73	138.99
20 万 ~ 50 万人口的城市	94	218	172	8.79	- 7.03
20 万人口以下的城市	178	352	40	6.52	- 29.55

资料来源：国家统计局《中国统计年鉴》（1984 年和 2006 年），《中国城市统计年鉴》（1986 年和 2005 年），中国统计出版社。

　　当然，小城镇建设也面临许多问题，如小城镇的城市化成本比较高，最典型的就是小城镇的城建系统（如下水道的建设等）往往是投入与需求不成比例；小城镇对资源的消耗也比较大，小城镇的建设用地要比大中城市多得多，因而对土地资源的消耗明显高于大中城市。规模过小的小城镇，一般规模收益低，政府承担的外部成本高。有些小城镇的城市化设施因为使用率不高而大量闲置，浪费严重。

　　但是，作为一个农业大国来说，农村剩余劳动力的转移问题是城市化的主要动因。发展小城镇有利于实现农村剩余劳动力转移，促进人口城镇化，加快城市化的进程。目前中国农业剩余劳动力约有 2 亿人，约占农村劳动力总数的 2/5，占劳动力总数的 1/4。农业剩余劳动力过多，造成农村经济长期滞后。一方面，数以亿计的边际生产力为零或负数的绝对剩余劳动力，不仅是生产力要素的一种浪费，降低整个劳动力配置效率，而且也使提高劳动生产率的农地产权制度及规模制度的创新无法实现，农业也就无法打破小生产格局；另一方面，农业剩余劳动力滞留于农业，使农产品商品率无法提高，这样就加大了政府对农产品市场宏观调控的难度，从而使我国农产品商品性需求极小，制约农产品市场的稳定和农民收入的增长。[①] 所以，转移农村剩余劳动力是发展农村经济、缩小城乡差距的根本出路所在。通过发展小城镇来转移农业人口，已被实践证明是一种有效的途径。在我国，由于小城镇分布广、数量多，新建、扩建都有潜力，农民进城比较容易。随着小城镇第二、第三产业的发展，一些常年务工、经商的农民有了稳定的工作和收入，具备了成为城镇居民的条件。这样逐步地降低农业人口，提高非农人口数量，通过促进人口城镇化，以实现城市化的快速发展。

　　[①]　汪小宁：《论小城镇建设的意义》，《理论界》，2007 年第 1 期。

第五章 沿海地区海洋产业结构及转型

海洋是人类生命的摇篮，是人类生存发展所依赖的食物、矿产、动能以及空气、淡水的源地。人类对海洋的开发利用从原始的捕鱼充饥、古代的"通舟楫之便，兴鱼盐之利"到近现代的海洋生物科技研发与海洋工程建设，是对海洋开发利用的一步一步深入，海洋产业结构也经历了从无到有的历史发展过程。每一次海洋产业结构的历史性转变都标志着生产力的提高、人类社会的发展进步，但随着人口的不断增长，海洋产业的转型对沿海地区人口以及沿海地区城市化的协调发展产生了一些不利影响和社会问题。本章我们将从环境社会学和发展社会学的视角，对海洋产业结构的形成、转型以及转型过程中存在的问题进行研究分析。

第一节 海洋产业结构的总体概述

一、海洋产业结构的含义

海洋产业是指人类利用海洋资源和空间所进行的各类生产和服务活动。分为以下 5 个方面：① 直接从海洋获取产品的生产和服务；② 直接从海洋获取的产品的一次加工生产和服务；③ 直接应用于海洋和海洋开发活动的产品的生产和服务；④ 利用海水或海洋空间作为生产过程的基本要素所进行的生产和服务；⑤ 与海洋密切相关的海洋科学研究、教育、社会服务和管理活动。在世界范围内已发展成熟的海洋产业有：海洋渔业、海水增养殖业、海水制盐及盐化工业、海洋石油工业、海洋娱乐和旅游业、海洋交通运输业和滨海砂矿开采业等。

现实生活中一般将海洋产业分为三大产业，即海洋第一产业、海洋第二产业、海洋第三产业。在内容上对海洋三大产业做如下划分：海洋第一产业包括海洋渔业；海洋第二产业包括海洋油气业、海盐业、滨海砂矿业、海洋化工业、海洋生物医药业、海洋电力和海水利用业、海洋船舶工业、海洋工程建筑业等；海洋第三产业包括海洋交通运输业、滨海旅游娱乐业、海洋科学研究、教育、社会服务业等。

二、海洋产业的历史沿革

海洋产业是随着人类对海洋开发的不断深入而发展起来的。本书第二章从组织和技术的角度将人类海洋开发历程分为 4 个阶段，即原始海洋资源利用阶段、古代海洋资源利用开发阶段、近代海洋资源开发利用阶段、现代海洋资源开发利用阶段。本章将以这 4 个阶段作为海洋产业历史沿革的发展线索，分析每个阶段海洋产业结构的基本发展状况。

（一）原始社会时期的海洋产业

海洋产业初步发展，没有形成海洋产业结构。在这一时期原始社会生产力低下，生产工具简单，狩猎和采集不足以维持生活，人们开始把生产活动从陆地扩展至水域，利用水生动植物作食物，出现原始的捕捞活动。在人们捕捞鱼等水生动物的能力绰绰有余时，开始研究在海边晒盐、煮盐等活动，这时期海盐只是被人们认为是可以食用的东西，像狩猎到的猎物和鱼一样。这种海洋产业极其简单，规模仅仅局限在可以满足人类食用需求，而那时人类的规模及其需求完全无法形成相关的产业结构，海洋产业还只是潜在的萌芽时期。

（二）古代社会时期的海洋产业

从原始社会过渡到古代社会，表明人类文明和科技的进一步发展，虽然人类对海洋的开发仍局限于"鱼盐之利"和"舟楫之便"方面，但在海洋捕捞渔业和海洋制盐业方面都已形成了一定的规模。

首先，海洋捕捞产业形成。随着捕捞技术的进步，专业渔民出现，大大提高了海洋捕捞业的捕鱼产量，这成为该产业形成的关键。应该说海洋捕捞业不仅是海洋第一产业的重要内容，也是最早形成的海洋产业。海洋捕捞业的形成标志着海洋第一产业初步建立，这是人类开发海洋的重大成就。

其次，海盐制造业也形成规模。在原始海洋利用阶段人类就已经出现了"煮海为盐"，然而由于生产力低下，导致盐产量低下，难以形成产业和规模。但是到了这一历史时期海盐制造已经形成了较大产业规模。如秦汉时期，山东半岛和辽东半岛就已成为海盐的规模化生产基地。海盐业的产生发展拓展了海洋产业。

除此之外，海洋运输业兴起和海洋养殖业形成。由于造船技术越来越发达，海船的航行速度、航行距离、载重量等都有很大的进步。这也为海洋运输业提供了条件。同时，封建国家政策对于远洋航海活动的支持，极大地促进了远洋航海事业的快速发展。另外，海洋养殖业形成。我国海洋养殖活动很早就已经出现，历史上由于"海禁"政策导致一些渔民无法出海捕鱼，只能从事近海养殖业，有记载显示，明末清初福建泉州陈埭丁氏村是一个"以海为田"的渔村，该村用于养殖海域多达 2 000 多亩[①]。

捕捞业、海洋养殖业、海洋运输业和海盐制造业是这一历史时期的主要海洋产业，其中捕捞业和海洋养殖业是传统海洋产业的主要内容。随着人类海洋开发力度的增加，海洋

---

① 1 亩 ≈ 666.7 m²。

产业在这个阶段开始了快速的发展，海洋第一产业基本形成，海洋第二产业初具规模，但海洋第三产业尚未形成。

（三）近代社会时期的海洋产业

如果说古代海洋开发阶段是形成传统海洋产业的初始阶段，那么近代海洋资源开发利用阶段是人类开发海洋的进一步深入，同时也是海洋产业进一步发展完善的过程。这个阶段的海洋开发由于受到工业革命的推动获得极大的发展，为海洋产业的发展注入了极大动力。

这一历史时期海洋产业有如下特点。

第一，传统海洋产业进一步完善。主要表现在海洋捕捞业、海洋养殖业的产业规模不断壮大。到了近代阶段，随着工业革命的成果不断应用于海洋开发中，海洋第一产业的生产能力不断加强。蒸汽动力的轮船使大规模的远洋捕捞成为了可能，为海洋捕捞业开辟了新天地。还有一些新技术的应用使海洋养殖的产量和产业规模都得到很大的提高。

第二，部分海洋第二产业新兴产业兴起。在对海洋的不断开发过程中，人们探得海洋是一个未开发的巨大的资源宝库，海底和滨海地区蕴藏着丰富的矿产资源，诸如石油天然气、滨海砂矿、海底热液等新能源资源。再加上工业革命的新技术不断应用于海洋开发，诸如海洋油气业、滨海砂矿业、海水利用业、海洋船舶工业等一系列的海洋第二产业形成。

第三，该时期具有明显的过渡性特征。如早在19世纪末在海底已发现石油，第二次世界大战之前，从海水中提取镁砂已获得成功等。但是由于科学技术等原因，这些海洋探索与发现并没有形成新兴的海洋产业。

由此可见，该阶段海洋产业进一步发展，海洋第一产业得到完善和稳步发展，部分海洋第二产业新兴产业开始兴起。而且这个阶段为海洋资源开发利用向现代过渡创造了条件和可能。

（四）现代社会海洋产业的发展

现代社会海洋产业发展在历史原有的基础上更加成熟和完善，海洋石油开发、海底矿产开发等新兴海洋产业大规模的兴起。一般认为，现代海洋产业开发是从20世纪60年代开始的。这一时期海洋开发最显著的特点为：现代科学技术不断应用于海洋资源开发利用[①]。从20世纪70年代以来，很多发达国家把遥感技术、电子计算机技术、激光技术、声学技术等应用于海洋，极大地提高了人类开发利用海洋资源的能力，海洋技术不断进步，使海洋资源开发利用的规模和范围日益扩大，海洋产业日益增多，陆续出现和兴起了海洋石油工业、海底采矿业、海水养殖业、海水淡化工业、滨海旅游业、海洋能利用业等新兴产业，大量海洋第三产业产生并得到了很好的发展，三大产业已基本稳定。

---

① 朱晓东等：《海洋资源概论》，高等教育出版社，2005年，第3页。

通过归纳和总结可以发现本阶段的主要特征如下。

其一，三大海洋产业基本形成。随着海洋油气业、海底矿产开发、海洋工程建筑业等新兴海洋产业兴起，海洋第二产业确立。人类在加大对海洋开发的同时，也加强了对海洋的研究，出现比较完整的海洋第三产业。比如滨海旅游娱乐业、海洋科学研究、教育、社会服务业等。至此，三大海洋产业形成并在人类生产生活中发挥着越来越重要的作用。

其二，现代科学技术对海洋产业发展发挥举足轻重的作用。人类开发利用海洋资源的能力不断提高，海洋技术不断进步，使海洋资源开发利用的规模和范围日益扩大，海洋产业日益增多。

其三，海洋产业结构处于调整和转型之中。

总的来说，在 21 世纪，海洋产业将发生重大调整，即海洋第一产业所占比例将大幅度下降，海洋第二产业所占比例在有一定幅度提高之后将保持相对稳定，而海洋第三产业所占比例将会大幅度上升。

第二节 海洋产业结构的现状及发展趋势

一、我国海洋产业的现状

改革开放以后，我国的海洋产业得到了长足发展，我国主要海洋产业包括海洋渔业、海洋交通运输业、海洋油气业、滨海旅游业、海洋船舶工业、海盐及海洋化工业、海洋生物医药业等。在步入 21 世纪——海洋的世纪后，海洋的发展潜力进一步被发掘，海洋资源将被充分地开发利用，并且海洋资源开发利用的状况与海洋产业结构的配置情况，直接影响着海洋经济的总体发展水平。而在这新的世纪我国的海洋产业结构也将发生重大转变，如在 1991 年，我国海洋三大产业的结构比是 59:9:32，到 1997 年则变为 51:18:31，到 2004 年则又变为 30:24:46，而到 2012 年我国的海洋三次产业结构为 5:46:49。由此可以看出经过十几年的发展，我国海洋产业结构发生了巨大的变化，海洋第一产业有较大幅度的下降，海洋第二产业和海洋第三产业都有较大幅度的上升，海洋第三产业已经成为我国海洋产业中最大的部分。

据最新数据核算，2012 年全国海洋生产总值 50 087 亿元，比上年增长 7.9%，占国内生产总值的 9.6%，比上年提高了 0.13 个百分点，占沿海地区生产总值的 15.8%。其中，海洋产业增加值 29 297 亿元，海洋相关产业增加值 20 690 亿元。海洋第一产业增加值 2 683亿元，海洋第二产业增加值 22 982 亿元，海洋第三产业增加值 24 422 亿元。海洋经济三次产业结构比 5:46:49（图 5-1）。2011 年全国涉海就业人员 3 420 万人，其中新增就业 70 万人。① 沿海各级政府在进一步落实《全国海洋经济发展规划纲要》的同时，积极应对海内外经济形势的变化，使全国海洋经济保持了高于同期国民经济的增长水平的发展势头。

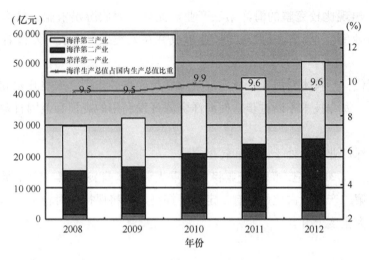

图 5 - 1　2008—2012 年全国海洋生产总值情况

资料来源：国家海洋局《2012 年中国海洋经济统计公报》，国家海洋局网站

我国海洋第一产业中渔业保持稳步发展，各沿海地区继续加强对近海渔业资源的保护，积极调整海洋渔业内部产业结构，海洋渔业保持稳步增长。2012 年海洋渔业创造增加值 3 652 亿元，比上年同期增长 6.4%②。作为海洋第二产业与海洋支柱型产业之一的海洋油气业，我国在加强海洋油气勘探技术的自主创新研究的同时，特别是 2007 年在冀东南堡发现地质储量达 10 亿吨的整装浅海油田，积极开展对外海洋油气合作，加快海底天然气水合物的开发利用，增强海洋油气开发潜力，使海洋油气业保持高速增长。另外，我国海洋新兴产业如滨海旅游业保持稳步增长的趋势，滨海旅游基础设施得到逐步完善。海洋电力业的发展也并驾齐驱，海洋能、海洋风能资源开发规模不断扩大。我国首个海上风电场建设项目将在上海东海大桥附近开工建设，预计装机总容量将有 10 万千瓦。

综合来看，我国海洋产业呈现出"增长快速，结构调整，整体优化"的发展特征。

首先，增长快速。由图 5 - 1 可以清楚地发现，近年来我国海洋生产总值不断快速增长。而且，在产业结构发生巨大变化的前提下，第一产业仍然保持稳步发展，第二、第三产业则处于迅猛增长的态势，尤其是第三产业的快速增长十分显著。

其次，结构调整。现阶段正是我国海洋产业结构转型的关键时期，从以上的数据可以看出，我国海洋第一产业在海洋生产总值中的比重从 1991 年的 59% 下降到 2012 年的 5%，

---

① 国家海洋局：《2008 年上半年中国海洋经济运行状况报告》，国家海洋局网站。

② 国家海洋局：《2007 年上半年海洋经济运行状况报告》，国家海洋局网站。

而第二产业则从9%上升到46%，第三产业也从32%上升到了49%。随着海洋产业结构调整的不断深化，相信海洋三大产业的结构比还会发生持续的变化。

再次，整体优化。无论是海洋生产总值的迅猛发展，还是从海洋三大产业结构比的变化，我们都不难发现我国的海洋产业整体上呈现出不断优化的状况。而且，海洋产业的发展速度近年来超过了国民经济发展速度，因此可以说海洋经济为国民经济的发展注入了强大的发展动力。

虽然我国海洋产业不断向前发展，取得了举世瞩目的成就，但还是存在着海洋产业规模相对较小且不合理的问题，仍然需要调整和完善。目前我国海洋资源产业产值在世界海洋总产值中所占比重不到1%，传统产业与新兴产业的比例约为4∶1，仍然停留在以传统产业为主导的阶段。关于海洋产业存在的问题，将在本章第三节进行详细的探讨。

二、新世纪海洋产业的发展趋势

步入21世纪——海洋的世纪，海水资源作为巨大的液体矿，逐步进入综合开发利用阶段，随着现代经济社会和科学技术的快速发展，海洋开发催生了一批新兴的产业和产业群，并且产业和产业之间，产业群和产业群之间都是密切相关的，一个产业的兴旺发达往往会带动和推进一系列关联产业发展，扩大行业辐射范围。[①] 从国际海洋产业发展历史过程中，我们不难发现，现在海洋产业结构总体上呈现了上升的发展趋势。滨海旅游业、海洋渔业、海洋交通运输业作为海洋支柱产业，占主要海洋产业的比重近3/4，其中滨海旅游业位居各主要海洋产业之首。新兴海洋产业发展迅速，海洋电力业、海水综合利用业等新兴海洋产业在海洋经济中的地位逐步提高。[②]

新世纪海洋产业发展的趋势如下。

（一）海洋渔业稳步发展，远洋渔业比重持续上升

海洋渔业作为第一产业是海洋产业发展的基础，也是海洋开发和利用的支柱型产业。海洋渔业包括海洋捕捞业、海水养殖业和海洋水产品加工业，是水产业的主导产业，因此海洋渔业资源受到各地区间的国际保护。根据联合国1994年11月16日实施的《联合国海洋法公约》有关规定而制定的《国际负责任渔业行为准则》，进一步明确了国际间海洋捕捞业的责任，提出了为保护渔业资源和生态环境，要使用安全捕捞技术，改进渔具选择性，做到负责任捕捞。一些区域性渔业组织在其管辖水域中也制定了相应的捕捞规定，严格限制破坏资源的渔具。我国政府也相继出台相关政策法规保护海洋渔业资源，遏制区域性渔业被过度捕捞。近几十年，由于过度捕捞和海洋生态环境的变化，出现了捕捞种群的

[①]　黄良民主编：《中国海洋资源与可持续发展》，《中国可持续发展总纲》第8卷，科学出版社，2007年，第184页。

[②]　黄良民主编：《中国海洋资源与可持续发展》，《中国可持续发展总纲》第8卷，科学出版社，2007年，第185页。

交替现象，近海利用资源已到了极限。但随着国家"减船转产计划"和国际发展远洋渔业的优惠政策的实施，远洋渔业特别是大洋型公海渔业在政府推动、市场引导、企业运作、政策扶持下得到了较快的健康的发展，经济效益不断提高，同时也保护了近海渔业资源。

（二）渔业结构多样化，海洋休闲渔业带来新机遇

由于环境污染和过度捕捞，海洋渔业生物资源严重衰退（图5-2），发展近海养殖业和水产品加工业受到环境容量和资源承受能力限制，而根据渔业和渔区的特点以及社会消费需求，发展以旅游观光和游钓为主的海洋休闲渔业，不仅优化了渔业产业结构，而且也带动了相关产业，促进了渔业经济的发展。海洋休闲渔业集渔业、休闲、观赏、娱乐和旅游为一体，既是第一产业的延伸和发展，又是第一产业和第三产业的有机结合，是生产、生活和生态可持续发展的产业。[①] 休闲渔业于20世纪60年代起源于拉丁美洲的加勒比海区，后来才逐步扩展到欧美和亚太地区。由于它是一种通过资源优化配置，把旅游观光与现代渔业有机结合，实现第一、第三产业的整合与转移，既拓展了渔业空间，又开辟了渔业新领域，为困境中的渔业经济注入了活力，因而受到了很多国家的重视。如今在发达国家，开发休闲渔业已经成为一种社会时尚，并为开发者带来了客观的经济效益。"世界游钓发达国家美国，有游钓船200多万艘，从事娱乐性游钓的大约千万人，国家每年从游钓消费中获取500亿元的社会产值。"[②] "在日本，3个人中就有1人是游钓爱好者。"[③]

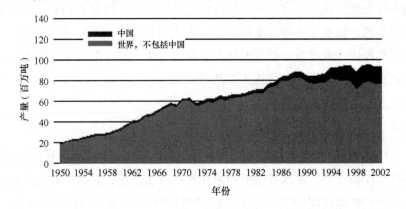

图5-2 世界捕捞渔业的产量变化

注：由于中国的渔业产量在世界总产量中的比重占有重要地位，联合国粮农组织在统计时一般分包括中国和不包括中国两种数据

资料来源：联合国粮农组织《2004年世界渔业和水产养殖状况》，粮农组织渔业部，2004年

近几年来，我国沿海地区和城市郊区，休闲渔业作为一种新型的水产业正在悄然兴

---

① 崔凤：《海洋与社会——海洋社会学初探》，黑龙江人民出版社，2007年版，第255页。
② 王诗成：《关于加快"海上山东"建设进程的建议》，海洋出版社，2001年版，第186页。
③ 陈可文：《中国海洋经济学》，海洋出版社，2003年版，第109页。

起。我国拥有漫长的黄金海岸，发展休闲渔业潜力巨大，海洋渔业由传统产业向新兴产业转化前景广阔。

（三）滨海旅游业发展方向多样化

滨海旅游自古有之，但近几十年来迅速发展成为海洋产业之一的滨海旅游业。滨海旅游业就是以海洋旅游资源为基础，以海洋旅游设施为依托，并以海洋旅游市场为对象，向来滨海地区、海洋、海岛旅游的旅游者提供、出售旅游活动所需的各种产品和劳务的经济性产业。[①] 第二次世界大战后，以电子、化工、内燃机为代表的第三次产业革命是现代海洋滨海旅游的主要动力。在这一时期，热带滨海旅游迅速崛起，其依托气候优势，大力发展"3S"（明媚的阳光、洁白的沙滩、清澈的海水）旅游，成为新的滨海旅游胜地，著名的有夏威夷的威基基海岸、加勒比海的牙买加等，已成为国际旅游的热点。那时人们旅游还只局限在游山玩水，寻访名胜古迹，回归自然，享受摆脱生活工作压力的时刻。

我国滨海旅游业在原有基础上，坚持发展方向多样化。提出了参与性旅游，与水上体育相结合，主动地将旅游者自身的愿望、情趣在旅游活动中自我实现，使旅游不再只是游山玩水，寻访古迹，而是现代人实现自我，获得一种健康的心理调适和梦幻般的生活过程。在众多参与性滨海旅游活动中，水上体育活动最受欢迎，如冲浪、帆船、空中跳伞、潜水、沙滩排球、沙滩足球等。另外，还可发展海上游轮游。据世界旅游组织最新研究和预测，游船旅游、水行体育旅游、回归大自然等将是21世纪的旅游热点。海上游轮游这种既古老又新潮的旅游形式将成为旅游宠儿，展现出方兴未艾的前景。[②]

（四）我国的船舶工业发展潜力巨大

在西方工业革命时期，随着冶金技术的发展和蒸汽机的发明，轮船技术得到飞速发展。而且从19世纪中期起，铁、钢机动海船逐步取代木制帆船，英国利用其冶金技术和蒸汽机技术上的优势，轮船建造产量迅速提高，成为了世界上第一造船大国和强国。随后，美国、西欧、日本等各发达国家和地区也相继迅速发展起来。从世界造船业的发展历程（表5-1）来看，中国的造船业正在逐步发展中，而欧洲与日本等发达国家和地区已经走向了衰落。

表5-1　世界造船产量份额演变

年份	西欧	日本	韩国	中国
1955	80%	17%	—	—
1971	40.30%	48.20%	—	—

① 黄良民主编：《中国海洋资源与可持续发展》，《中国可持续发展总纲》第8卷，科学出版社，2007年，第215页。
② 黄良民主编：《中国海洋资源与可持续发展》，《中国可持续发展总纲》第8卷，科学出版社，2007年，第218页。

年份	西欧	日本	韩国	中国
1980	16.10%	46.50%	4%	
1992	18.30%	40.80%	25.65%	3.30%
2000	12.60%	38.20%	38.90%	4.70%
2003	7.2%	37.40%	41.10%	10.30%
2012	—	19.3%	29.9%	41.1%

资料来源：《中国海洋统计年鉴2005》，《中国渔业统计年鉴2001，2002，2003》，中国统计出版社；中国船舶工业行业协会：《2012年世界造船三大指标》，中国船舶工业行业协会网站。

在海洋产业经济迅速发展的前提下，而且在先前工业国家由于工业资源的枯竭而衰落下来的国际环境下，发展中国家在资源丰富的基础上，大力发展船舶工业，带来了广阔的国际市场。就中国而言，改革开放以来，中国船舶工业积极开拓国际市场，经过20多年的努力，造船产量连续10年居世界第三位，除豪华游船等少数船型外，我国已经能够建造符合各种国际规范、可航行于任何海域的船舶。造船产量由1982年的21.4万载重吨增加到2001年的450万吨载重（见图5-3），到2004年已达880万载重吨，所占世界市场份额由1982年的1.3%增加到15%，2005年造船产量首次突破1000万载重吨大关，所占世界市场份额达到18%。中国已发展成为世界举足轻重的造船大国。

中国是造船大国，但还不是造船强国。进入21世纪，中国船舶工业面临着难得的发展机遇。主要是因为世界近期船舶市场供求两旺，出现了历史上罕见的兴旺期。至2004年年底，全球手持订单突破了2万载重吨，根据预测，未来10~15年，世界船舶市场年需求量仍维持在5000万载重吨水平，中国国内市场需求7000万载重吨。[①] 这就为船舶工业发展带来了前所未有的发展机遇。

（五）海洋生物医药业越来越得到人们的重视

现代海洋药物的研究始于20世纪60年代。目前已从海绵、软珊瑚、软体动物、苔藓虫、海藻、棘皮动物、细菌、真菌、微藻等各类海洋生物中分离获得约15 000种海洋天然物，具有生物碱、肽类、大环内酯、苷类等各种结构类型，约20%在抗肿瘤、抗病毒、抗炎等方面拥有生物活性，个别显示了广阔的临床应用前景。例如，20世纪70年代中期以前，针对青霉素的药理稳定性下降的问题，世界各国对头孢菌素类药物进行了非常活跃的研究和结构改造。头孢菌素类药物的先导化合物是海洋微生物头孢霉菌的分泌物头孢菌素C。另外，经济全球化要求技术共享和资源共享，在医学方面显得尤为突出，海洋生物医

---

① 黄良民主编：《中国海洋资源与可持续发展》，《中国可持续发展总纲》第8卷，科学出版社，2007年，第227页。

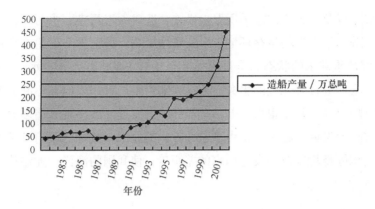

图 5 - 3　1982—2003 年中国造船产量增长状况

资料来源：黄良民主编《中国海洋资源与可持续发展》，《中国可持续发展总纲》第 8 卷，科学出版社，2007 年

药业是医学方面的新兴产业，在现时陆上资源有限的条件下，其发展前景广阔。

总之，海洋产业的大体发展趋势是海洋第一产业在原有的基础上所占的比重越来越少，但这并不能说明它就处在衰落时期，只是相对其他两大产业而言发展相对缓慢，经济产值小。海洋第二、第三产业保持迅猛发展势头，尤其是第三产业在 21 世纪将会成为海洋产业发展的领头产业。

第三节　海洋产业发展中存在的问题

人类对海洋的认识一步步深化，传统的海洋观念与意识也在悄然改变，即认为海洋中的资源在人类的影响和作用下不再是取之不尽，用之不竭的；人类向海洋的无序与过度污染活动，如果超过海洋的自净化能力必然导致海洋环境的严重污染。而海洋环境的变化对人类影响是最大的，不仅对渔业资源、旅游资源具有明显的破坏作用，甚至会日益影响到人类的生命健康。世界人口的急剧增长，为满足全人类的需要而促使陆地资源的加速开发。能源、矿产、森林掠夺性开采、温室效应、大气污染、地方流行疾病等影响生存环境的事件层出不穷。能源是人类生产和生活动力的根本来源，据研究表明，全世界的石油最终可开采量据称为 2 万亿桶，迄今已被人类消耗了 6 000 亿桶。如果今后每年持续消耗 200 亿桶，那么尚存的石油资源还可开采 40 年，终极可开采 70 年[1]。森林资源无节制的采伐导致森林面积在迅速减少，与人类生存环境有重大关系的热带雨林也正遭受着毁灭性的砍伐，每天大约有 300 平方千米的热带雨林从地球上消失，这些非可再生资源已经遭受到人类的毁灭性的破坏。

---

① 杨文鹤：《蓝色的国土》，广西高等教育出版社，1998 年，第 8～12 页。

工业的发展，以及人类不注意采用保护措施，造成大气污染、水污染、有毒气体不加限制地任意排放等，给人类的生存环境带来灾难性影响。据世界卫生组织统计，世界上有80多个国家面临严重缺水的状态，全世界每年至少有 1 500 万人死于水污染引起的疾病，仅痢疾每年就夺去四五百万儿童的生命。不仅大陆污染严重，人们在不断加深对海洋开发的同时，海洋环境也遭受到了很大影响，海洋环境的变迁导致出现了诸多海洋产业发展的问题。当然海洋产业发展问题不只是由于这一方面的原因，我国的政府政策方针、科技发展水平、周围的国际环境以及与发达国家的差距等，使我国的海洋产业结构在发展过程中还存在着以下问题。

一、渔业资源衰竭，海洋捕捞业形势严峻

海洋污染的主要表现形式之一是频繁出现赤潮。而赤潮生物消耗了水体中大量的氧气而造成大面积的鱼、贝窒息死亡。近岸和沿岸海域的水质不断恶化，损害了生物资源，妨碍渔业生产活动。导致渔业资源出现衰竭，而且海洋环境污染使渔业损失严重，2007—2012 年《中国渔业生态环境状况公报》显示，2007—2012 年因环境污染造成的渔业捕捞损失每年为 63 亿元，如表 5-2 所示环境污染造成的渔业捕捞损失呈现逐年上涨的趋势。其中渔业污染事故导致的渔业直接损失短时间内难以有效遏止。

表 5-2 环境污染造成的我国渔业捕捞损失   单位：亿元

年 份	环境污染造成的渔业捕捞损失	渔业污染事故导致的渔业直接损失
2007	53.9	2.98
2008	49.85	1.65
2009	51.33	1.87
2010	56.93	3.82
2011	84.26	3.68
2012	83.18	1.61

资料来源：农业部、国家环保总局发布的《中国渔业生态环境状况公报》（2007—2012），中国海洋信息网。

另外，沿海各省市海洋捕捞强度盲目增长，海洋捕捞业结构与海洋渔业资源的矛盾进一步加剧，海洋捕捞作业结构与海洋渔业资源状况不相适应，沿岸和沿海海域环境恶化的趋势仍在继续，渔业资源持续衰退，特别是底层和近底层鱼类资源严重利用过度，传统的鱼种如大小黄花鱼、带鱼和乌贼及往日热闹喧哗的渔场已形成不了渔汛，细密的网具里的鱼已越来越小型化、低龄化和早熟化了。历史上曾经辉煌过的东海区带鱼冬汛、小黄鱼春汛等都已不复存在，南海区著名的八大渔汛也已有十多年未见出现。虽然近年来我们采取许多控制捕捞强度、保护渔业资源的措施，但非法建造捕捞渔船的现象仍时有发生，捕捞

强度并未得到根本控制，我们在资源和渔船管理方面还缺乏有效的管理手段，加上陆源污染的双重压力，一些鱼虾生长繁殖和水生野生动物栖息场所被严重破坏，部分水域渔场出现"荒漠化"现象[①]。这种严重状况使我国海洋捕捞业发展形势极为严峻，使整个海洋渔业的可持续发展面临着严重挑战。

二、作业渔场缩减，大量渔民退海转产转业

近些年来，我国与日本、韩国、越南签署的渔业协定相继生效，不但在东海、黄海和北部湾等传统海洋渔场的面积减少，而且在渔业管理制度上发生了根本性变化，海洋捕捞渔业开始由领海外自由捕捞作业向专属经济区制度过渡。在这种新制度的管理下，采取的控制作业船数、限额捕捞等方式，对我国沿海捕捞渔民的生产产生了重大影响。据统计，中日渔业协定、中韩渔业协定生效后，仅舟山市就有30%的传统外海作业渔场丧失，另有25%受到严格控制；3 000多艘渔船和近3万捕捞渔民要转向其他渔场或转产转业；35万吨海洋捕捞产品和20亿元产值受到影响[②]。

随着协定的深入实施，作业海域进一步压缩，配额逐年减少。根据《中韩渔业协定》的规定，自2005年6月30日后，双方在过渡水域作业的渔船将随着水域性质的变化而接受沿岸国的管辖，我国渔船作业水域进一步减少，作业船数进一步压缩，这又给我国近海捕捞渔民的生产造成冲击。无证作业、非法从事流网作业和不遵守作业规则的渔船渔民被日、韩方抓扣，给我国渔民经济和财产造成重大损失，这又进一步损害我国渔民的整体形象。不过也有个别韩国执法人员随意扩大检查范围，违反协定在过渡水域抓扣我国渔船。据《2005年中国渔业年鉴》记载，在2004年全年共有279艘渔船被韩方抓扣。

三、柴油、钢材等渔用生产成本提高，渔民收益空间缩小

柴油、钢材等渔业的直接生产成本大幅度上涨，对我国的海洋捕捞业产生了重大影响。海洋捕捞业是高能耗产业，柴油是最基本的生产资料，也是渔业生产成本的主要构成部分。一般情况下，燃油成本占捕捞成本的70%。据《中国海洋经济统计年鉴2012》统计，2012年全国捕捞渔船约为45.14万艘，总功率为1 730.97万千瓦，即2 353.46万马力。以1马力每小时消耗柴油160克计算，45.14万艘渔船如果全部出海，那么每天的耗油量约为9万吨。2013年5月柴油价格每吨是8 715元，全国沿海捕捞渔民的每天的生产成本就是7.84亿元。柴油价格的上涨使得捕捞产量下降，大大提高了水产品生产成本、运输成本及加工成本等。与此同时，柴油价格的上涨还带动了其他渔需物资的价格上涨。钢材价格的上涨，导致渔船的制造费用增加，渔民购买成本上涨，有利于渔民转产转业，

① 黄良民主编：《中国海洋资源与可持续发展》，《中国可持续发展总纲》第8卷，科学出版社，2007年，第194页。

② 唐议、刘金红：《我国渔民经济收入现状分析》，《上海水产大学学报》，2007年第3期。

减少新建渔船的制造。但是我国渔民在投资购买船时，大部分是借债进入，由于银行利息、通货膨胀等因素，渔民的所得很难在短时间内归还完欠款。因此，海洋渔业深受高油价之苦，导致捕捞效益下降，捕捞渔民收入下滑，出现亏损，甚至被迫停港停产，造成生活困难。

生产成本的上涨导致渔民的实际可支配收入大大减少，部分渔民为了提高产量，降低油成本，增加收入，就有可能不顾天气好坏随意延长生产时间，在大风前后抗风浪生产甚至在伏季休渔期间违反规定出海作业，大肆捕捞，无视渔业安全生产和管理。不仅给我国的渔业执法监察带来困难，而且激化了渔业资源衰退的矛盾。

四、滨海旅游业开发处于初级阶段，生态旅游开发意识缺乏

虽然旅游业自古有之，但海滨旅游业随着时代的发展才刚刚起步。在现代科技的推动、政府政策的引导下，海滨旅游业发展方向呈现出多样化，但由于受到交通、资金及国内游客消费水平的限制，我国大陆海岛海滨仅限于市区及市郊的海滨开发，在远离城市的漫长海岸线上，虽然有许多丰富的海滨旅游资源，但至今没有得到开发。海滨区开发项目雷同，重复建设的现象严重，无论是北方的秦皇岛还是海南的三亚，除了气候和自然环境不一样外，海滨旅游几乎没有多少属于自己特色的东西。大多数海滨浴场除了游泳便没有了别的项目，只有在一些开发较早的著名海滩有少量的水上体育项目，如划船、乘坐汽艇等。另外，在海滨旅游业开发过程中，存在着盲目开发问题，致使一些很好的旅游资源遭到污染或毁灭。

五、海盐和海洋化工业在技术和市场上陷入两难困境

经过几十年的发展，海盐和海洋化工业无论在规模上、技术水平上，还是在工业体系的完善程度上都有了跨越式的发展。但是在发展的同时我们也认识到了我国的海盐及海洋化工与国际水平相比仍然存在着较大的差距：生产技术落后，机械化程度低，科技投入少，品种单一，产品组成不合理，综合开发水平低。[①] 在海盐业方面，我国的海水盐业的产量稳步增长，但产值增长缓慢，主要是因为：其一我国的海盐主要用于食用，工业用盐比例很小；其二在食用盐方面，普通食用盐占绝大多数，多种盐和保健功能盐开发力度不够。在海洋化工方面，主要是应用基础技术研究不够。在各种元素系列产品的开发上，由于基础工艺研究不够，很多产品的开发存在成本过高和产品低值的问题。另外，海洋化工的产品种类少、质量不高、价值低，这一方面与国际水平存在着很大的差距，另一方面，我国海洋化工业的粗放型增长方式，使得资源、能源消耗量大，污染严重，这显然不符合

---

① 黄良民主编：《中国海洋资源与可持续发展》，《中国可持续发展总纲》第8卷，科学出版社，2007年，第234页。

可持续发展的要求。

第四节　海洋产业问题的解决策略

在最近几十年我国海洋产业发展迅速，使海洋经济在国民经济发展中发挥了举足轻重的作用。改革开放以后，政府采取市场经济政策，政策的转变导致海洋产业结构随着进行了产业转型，转型后的海洋产业结构符合时代发展的要求，但不否认转型过程中还存在着需要解决的一些问题，针对海洋产业的发展趋势及存在的问题我们提出了相关的解决策略。

一、建立和完善海洋渔业管理的政策和法规

国家针对海洋渔业资源特点，确定保护海洋渔业资源的宏观政策和总方针，以指导具体政策法规的制定，强化执行以预防为主的环境保护政策。推行"加强资源保护，积极驯养繁殖，合理开发、利用"和"谁开发谁保护，谁破坏谁补偿"的环境保护政策[①]。国家把渔业发展放在大的政策背景下，将促进渔业生产与发展和保护渔民的利益作为渔区经济发展的重要方面。面对国内海洋捕捞业存在的问题，我国政策主要有两种：一是许可与鼓励，支持渔民调整渔业内部结构，大力发展海水养殖业、水产品加工、水产流通和休闲渔业，积极稳步地推进远洋渔业的发展；另一种是限制和禁止，我国渔业行政主管部门采取了一系列措施，如以渔船管理为核心实施海洋伏季休渔、长江禁渔期制度、海洋捕捞渔船"双控"制度和沿海捕捞渔民减船转产计划，以及以稳定水域滩涂渔业使用权为核心，推动渔业水域滩涂规划和养殖证制度。建立起渔业生产的良性循环，遵循生态经济学的要求，力求获得最佳经济效益。

二、保护渔业资源，走渔业可持续发展之路

当前，我国海洋资源衰退，渔业生态环境恶化，已成为制约我国渔业发展的瓶颈。而要走出当前海洋生态环境的困境，实现人、社会与海洋的协调发展，不仅需要制度上、政策上的改变，还需要在技术上有所突破。改革开放以来，我国在以更新船型、优化推进方式、配套助渔导航设备、改进保鲜设施、革新网具为主要内容的渔船、渔具技术改造方面，在水产技术人才培养方面，都取得了前所未有的重大进步，为海洋渔业的发展注入了强劲的生机与活力。但是，海洋环境污染和生态破坏导致渔业资源持续衰竭，海洋捕捞产量大大下降。要改善海洋环境我们必须把陆源污染治理与海洋污染治理相结合，在全面开展海洋污染科学治理的同时，积极推进陆源污染综合整治。大力发展生态养殖，真正实现

---

① 崔凤：《海洋与社会——海洋社会学初探》，黑龙江人民出版社，2007年版，第259页。

海水养殖容量扩大和零排污双重目标。同时，要尽快加强海洋科研基础建设，包括科学调查船、海洋资源卫星、实验设施等。建设一批国家级重点海洋渔业资源科学实验室，改善海洋捕捞技术装备，加强运营管理，提高使用效率。优化我国海洋渔业资源开发作业结构，实施责任捕捞渔业，实现渔业资源的可持续利用，走渔业可持续发展之路。

三、切实解决渔民转产转业难题

为妥善解决中日、中韩及中越北部湾渔业协定生效后我国渔业面临传统外海海域作业渔场减少的问题，几万艘渔船被迫退回到国内渔场作业。另外，近年来我国近海渔业资源衰退严重，捕捞能力过剩，渔业生态环境遭受破坏严重，进一步激化了"船多、海窄、鱼少"的矛盾。鉴于此，2002 年农业部决定对沿海捕捞渔民实施减船转产转业工程，计划全国到 2010 年渔船数比 2002 年减少 3 万艘，功率减少 10%，对 30 万渔民实施转产转业。到 2010 年，渔船计划控制数 207 928 艘，2015 年渔船计划控制数为 200 509 艘。

海洋捕捞渔民减船转产转业工作难度大、任务重，是一项系统工程。为了能让减船转产深入渔民心中，又不对渔区社会的稳定产生影响，相关部门多次进行实地调查研究，掌握渔区实际情况，了解渔民实际困难，确保减船转产顺利进行。例如，在资金使用方面，农业部和财政部反复研究与实践，确保专款专用和发放及时，于 2003 年出台了《海洋捕捞渔民转产转业专项资金使用管理规定》，对转产转业资金的使用作出了严格的规定；在实施减船的同时，还必须有效控制新建渔船的数量，尤其是大功率大型钢质渔船的制造及使用。农业部制定了《2003—2010 年海洋捕捞渔船控制制度实施意见》，为双转工作提供了有效的制度保障；在完善渔业法规方面，为配合减船转产工作，农业部又重新修订了《捕捞许可管理规定》，并与国家安全生产监督管理局联合出台了《渔业船舶报废制度暂行规定》。各省、市、地区也都结合自身情况，考虑各地渔业实际情况，纷纷制定相应的措施，如广东省组织实施《渔民转产转业议案实施办法》稳步推进"双转"工作；浙江、江苏、山东等省先后制定《渔船报废拆解操作规程》、《渔船转产转业操作规程》等，建立淘汰报废渔船公示和举报奖励制度。各地渔业主管部门也相继出台一系列渔船报废补助、渔民培训补助及产业项目扶持政策，让转产渔民弃船上岸，弃捕从养或从商。据 2006 年中国海洋年鉴统计，"十五"期间，中央财政共安排渔民转产补助资金 9.9 亿元，累计报废渔船约 1.4 万艘，转产捕捞渔民约 8 万人。其中在 2005 年浙江省全年共减船转产渔船近千艘，1 万多千瓦，转产人员 4 600 余人，获得中央、省级财政专项补助 8 000 余万元。山东省更是在 2005 年一年内报废渔船 875 艘。可以说，实施减船转产工作 5 年来，在裁减船只和人员方面取得了阶段性胜利。

四、有针对性地发展远洋捕捞，减轻近海渔业资源过度开发的状况

近年来，由于各种原因，我国近海渔业资源面临枯竭。发展远洋捕捞不仅可以在满足

市场渔业需求的基础上减轻近海渔业压力，而且有利于我国发展相对滞后的远洋捕捞业快速发展起来。但是，发展远洋捕捞业也要符合世界海洋渔业发展的大趋势，即在整个世界海洋捕捞业已经饱和的情况下（见表5-3），我国远洋捕捞业应该有针对性地发展，如捕捞的地域选择、品种选择等。

表5-3　世界渔业总产量和海洋捕捞总产量

单位：万吨

年份	渔业总产量	年份	渔业总产量	年份	海洋捕捞总产量
1850	150～200	1970	6 960	1990	7 929
1900	350	1972	6 620	1992	7 995
1948	1 520	1974	7 040	1994	8 577
1955	2 890	1976	7 000	1996	8 710
1956	3 080	1980	7 212.79	1998	7 830
1958	3 330	1982	7 683.36	2000	8 700
1960	4 020	1984	8 393.96	2001	8 400
1962	4 480	1986	9 277.57	2002	8 450
1964	5 190	1987	9 427.35	2003	8 150
1966	5 730	1988	9 876.24	2004	8 580
1968	6 390	1989	9 953.46	2005	8 420

资料来源：① 季星辉：《国际渔业》，中国农业出版社，2001年，第10页；② 联合国粮农组织：《2006年世界渔业和水产养殖状况》，粮农组织渔业部，2006年，第6页。

五、提高保护海滨旅游资源意识，提倡海滨生态旅游开发

我国滨海旅游业仍处在初级开发阶段，国家的相关滨海旅游政策的指引对其将来发展是非常重要的，因此我们要将政府的宏观调控与市场的"无形手"相结合，努力推动滨海旅游业的健康快速发展。当前，国家旅游局已经提出，应加强生态保护的教育，普及生态旅游知识，提高环境保护意识，倡导文明旅游[①]。虽然我国有着非常丰富的海洋旅游资源，具有发展海洋生态资源的巨大潜力，但是只有坚持生态旅游的开发，才能实现海洋生态旅游资源的永续利用，实现海滨旅游业的可持续发展。

六、缩短差距、提高我国的海盐及海洋化工的技术水平，保持可持续发展

广东省是我国人工海水制剂业的发源地，1991年，在广东徐闻建成了我国第一间大规

---

① 黄良民主编：《中国海洋资源与可持续发展》，《中国可持续发展总纲》第8卷，科学出版社，2007年，第217页。

模的人工海水制剂厂，生产了第一个人工海水制剂，并在全国推广。1996 年以后，经过努力，进一步研究获得了海藻多糖类等有机物与海水电解质共聚沉提取技术和功能混合物分类提取方法，成功地配制出了第三代人工海水添加剂——生态型海水晶。① 随着人们生活水平的提高，安全和健康成为人们最为关注的问题之一，特别是食品的安全和健康，而食盐作为人们日常饮食中必不可少之物，通过食盐来提高人们的健康水平是最为有效和受人们喜爱的。广东一直是盐业强省，改革开放以来，广东盐业抓住市场机遇，以扩大经营范围、丰富产品结构、搞活经营模式为指导思想，采用现代高新技术手段不断开发绿色健康新食品，从而为广东人民健康做出了巨大贡献，也实现了自身的跨越式大发展。

总之，通过深化产业结构调整，以海盐生产为基础，多元化发展，使我国盐业及海洋化工产业焕发出勃勃生机，发挥着基础化工业的支撑作用，是目前和未来相当一段时间内我国海盐及海洋化工发展的重点所在。

---

① 黄良民主编：《中国海洋资源与可持续发展》，《中国可持续发展总纲》第 8 卷，科学出版社，2007 年，第 236 页。

第六章　沿海地区区域的协调发展

改革开放以来，我国东部沿海地区在国家政策的引导和支持下，依靠独特的地理优势迅速发展起来，已经成为全国经济社会发展的领先地区。但是，由于历史因素和政策导向等因素，东部沿海各区域之间存在着发展不平衡的现象，而且有拉大的趋势。与此同时，东部沿海地区与中西部地区之间的发展差距也在逐渐拉大。因此，如何实现沿海地区区域之间协调发展以及东部沿海地区与中西部地区之间协调发展，是我国以和谐发展为追求目标所必须重视的问题。

第一节　沿海地区区域之间的发展现状

一、沿海地区发展的总体概况

沿海地区是我国人口、工业和城市分布最稠密、经济增长最快的核心地区。改革开放30多年，沿海地区在改革开放总方针的指导下，分阶段、有层次地实行对外开放，经济发展的速度和取得的效益都居于全国领先水平，并且具有国民经济持续快速增长、工业化和城市化发展速度快、经济国际化程度高、基础设施和投资软环境日益优化等特点。由于各种原因，沿海地区过去、现在和将来在相当长的一个时期，都是我国经济发展的重心区，它的发展态势将决定着全国经济的走向。

（一）国民经济持续快速增长

改革开放30多年来，由于国家对沿海地区的优惠政策使其固有的优势和潜力得到了充分发挥，沿海地区的经济一直保持持续快速的增长。1980年，我国设立了深圳、珠海、汕头和厦门4个经济特区。这些经济特区实行特殊的经济政策和经济管理体制，建设上以吸收利用外资为主，经济所有制实行以社会主义公有制为主导的多元化结构；经济活动在国家宏观经济指导调控下，以市场调节为主；对外商投资予以优惠和方便。1984年，中共中央、国务院决定进一步开放沿海14个港口城市：大连、秦皇岛、天津、烟台、青岛、连云港、南通、上海、宁波、温州、福州、广州、湛江、北海，它们与深圳、珠海、汕头、厦门4个经济特区及海南岛由北到南连成一线，成为中国对外开放的前沿地带。30多年来，沿海地区平均经济增长速度持续保持在10%以上，有的地区国民生产总值年均增长甚至超过了15%。① 在我国加入 WTO 以后，沿海地区围绕以此带来的机遇与挑战，大幅度调整了利用外资、进出口等政策措施，这些措施使得沿海地区的经济增长获得了新的动力。

从表6-1中我们可以看到，2010—2012 年全国地区生产总值分别是 437 041.99 亿元、521 441.11 亿元和 576 551.85 亿元，其中各沿海经济区生产总值所占比重都在半数以上，这也凸显了沿海经济发展在全国经济中的重要性。

表6-1 2010—2012 年沿海各经济区发展的基本情况

区域	年份	地区生产总值（亿元）	第一产业（亿元）	第二产业（亿元）	第三产业（亿元）	年底人口数（万人）	人均地区生产总值（元/人）
环渤海	2010	87 245.91	7 927.75	46 763.22	32 554.93	22 456	38 852
	2011	103 411.59	8 954.87	55 224.44	39 232.28	22 616	45 725
	2012	114 328.56	9 795.78	59 633.61	44 899.17	22 775	50 199
长江三角洲	2010	86 313.77	4 014.81	43 270.18	39 028.78	15 619	55 262
	2011	100 624.81	4 772.75	49 686.75	46 165.30	15 709	64 056
	2012	108 905.27	5 213.97	52 293.04	51 398.26	15 777	69 028
海峡西岸	2010	14 737.12	1 363.67	7 522.83	5 850.62	3 693	39 906
	2011	17 560.18	1 612.24	9 069.20	6 878.74	3 720	47 205
	2012	19 701.78	1 776.71	10 187.94	7 737.13	3 748	47 764
珠江三角洲	2010	46 013.06	2 286.98	23 014.53	20 711.55	10 441	44 070
	2011	53 210.28	2 665.20	26 447.38	24 097.70	10 505	50 652
	2012	57 067.92	2 847.26	27 700.97	26 519.69	10 594	53 868
北部湾	2010	11 634.35	2 214.89	5 082.68	4 336.78	14 134	8 231
	2011	14 243.53	2 706.46	6 389.82	5 147.26	14 225	100 13
	2012	15 890.64	2 883.91	7 051.90	5 954.83	14 342	110 80

资料来源：根据《中国统计年鉴》2011 年、2012 年和 2013 年的统计数据整理。

（二）工业化和城市化发展速度快

从三大产业结构、人均 GDP、工业就业人数在总就业人数中的比重和进出口贸易水平等指标来看，我国沿海地区已经处于工业化的中期阶段，而西部地区和中部地区只能相当于工业化的初期和初期的后时段。①

随着我国东部沿海地区经济持续快速的增长，沿海地区的超大、特大城市发达，大、中、小城市密集，而中部地区缺少超大城市，西部地区的大、中、小城市均显不足。从衡量一个国家或地区城市化水平的主要指标——城市人口在总人口中的比重来看，除河北、

---

① 黄建蓬：《中国沿海地区发展研究》，《科技广场》，2005 年第 9 期。

广西以外，沿海地区的其他省市的城镇人口比重都大于全国平均水平，中西部地区的城市化水平明显落后于东部沿海地区。新中国成立以来，我国城市数量不断增加，规模不断扩大。随着城市化进程的不断推进，我国城市数量也在不断增长中。1949—1978 年，全国城市数量从 136 座增加到 193 座，29 年的时间仅增加了 57 座城市。改革开放之后，城市数量逐年增加，1997 年时达到了 668 座，之后虽有所调整，但基本稳定在 660 座左右。在 1978—2005 年的 26 年间，城市数量总计增加了 464 座，平均每年增加近 18 座城市，是改革开放前增加量近 9 倍。同时，建制镇的数量也基本上在快速增长中。特别是改革开放以来的 30 多年间，建制镇的数量增加了 17 349 座，仅增加量约是 1978 年的总数的 8 倍。[①]

　　但是，城市分布是非常不均衡的。全国 400 万人以上的城市共有 13 个，其中仅东部沿海地区就有 5 个，占 38.5%。全国共有 25 个人口 200 万～400 万人的超大城市，有 15 个分布在东部沿海地区，比重为 60%。全国 75 个 100 万～200 万人口的特大城市中有 34 个分布在东部沿海地区，占总数的 45.3%。全国共有 108 个人口 50 万～100 万人的城市，其中 36 个分布在东部沿海地区，比重为 33.3%。除台湾之外，沿海 11 个省、市总面积 133.4 万平方千米，占全部国土面积的 14%，却集中了全国人口的 40% 以上。截至 2012 年年末，沿海省区人口总数为 60 532 万人，占全国人口总数的 44.70%。而在全国东部、西部、中部三个地带中，沿海地区人口承载力也是最强的（表 6－2）。

表 6－2　各地区人口的城乡构成（2012 年）　　　　　　单位：万人

地　区		总人口（年末）	城镇人口		乡村人口	
			人口数	比重（%）	人口数	比重（%）
全　国		135 404	71 182	52.57	64 222	47.43
东部地区	北　京	2 069	1 784	86.20	286	13.80
	天　津	1 413	1 152	81.55	261	18.45
	河　北	7 288	3 411	46.80	3 877	53.20
	辽　宁	4 389	2 881	65.65	1 508	34.35
	上　海	2 380	2 126	89.30	255	10.70
	江　苏	7 920	4 990	63.00	2 930	37.00
	浙　江	5 477	3 461	63.20	2 016	36.80
	福　建	3 748	2 234	59.60	1 514	40.40
	山　东	9 685	5 078	52.43	4 607	47.57
	广　东	10 594	7 140	67.40	3 454	32.60
	广　西	4 682	2 038	43.53	2 644	56.47
	海　南	887	457	51.60	429	48.40

---

　　① 参见《2006 中国城市统计年鉴》，国家统计局，2007 年。

地 区		总人口 （年末）	城镇人口		乡村人口	
			人口数	比重（%）	人口数	比重（%）
中部 地区	山　西	3 611	1 851	51.26	1 760	48.74
	内蒙古	2 490	1 438	57.74	1 052	42.26
	吉　林	2 750	1 477	53.70	1 273	46.30
	黑龙江	3 834	2 182	56.90	1 652	43.10
	安　徽	5 988	2 784	46.50	3 204	53.50
	江　西	4 504	2 140	47.51	2 364	52.49
	河　南	9 406	3 991	42.43	5 415	57.57
	湖　北	5 779	3 092	53.50	2 687	46.50
	湖　南	6 639	3 097	46.65	3 542	53.35
西部 地区	重　庆	2 945	1 678	56.98	1 267	43.02
	四　川	8 076	3 516	43.53	4 561	56.47
	贵　州	3 484	1 269	36.41	2 216	63.59
	云　南	4 659	1 831	39.31	2 828	60.69
	西　藏	308	70	22.75	238	77.25
	陕　西	3 753	1 877	50.02	1 876	49.98
	甘　肃	2 578	999	38.75	1 579	61.25
	青　海	573	272	47.44	301	52.56
	宁　夏	647	328	50.67	319	49.33
	新　疆	2 233	982	43.98	1 251	56.02

资料来源：《中国统计年鉴2012》，中国统计出版社，2013年。

农村人口向城市人口的转变过程实质就是城市化和工业化的过程。从表6-2中我们能明显地看到东部沿海地区的城市人口比例要远远高于中西部，而且海岸线比例越高的地区，其城市化的程度相对也越高。如天津、上海等直辖市的城市人口超过了80%，江苏、浙江、广东、辽宁等经济较发达的地区城市人口比例都超过了60%。

（三）经济国际化程度高

所有重要的沿海城市也基本上是全国重要的港口城市，国际联系是它们的一项重要职能。不管是初期的经济特区，还是之后的14个港口开放城市，其初期的目的都是通过引入外资、产品外销等方式加强中国与其他国家之间的经济联系。

面对经济一体化、市场全球化、新科技革命浪潮的冲击，沿海地区顺时应势，充分利用地理优势，抢抓机遇，大力发展开放型经济，把引进来、走出去相结合，推进经济国际化。近年来，名列世界"500强"的企业，大约有400多家在我国沿海地区落户，其中重点在上海、苏南、深圳、广州、天津、大连等地区和城市。沿海地区的制造业、金融业的国际化程度越来越高。① 截至 2013 年底，沿海地区外商企业固定资产投资总额为 6 537.1 亿元，占全国外商固定资产投资的 61.98%。其中，江苏省的外商固定资产投资总额为 2 128.1 亿元，占东部沿海地区投资总额的 32.55%（表 6-3）。可见，东部沿海地区在吸引外资和对外经济中占有着重要地位。

表 6-3　沿海地区全社会固定资产投资注册登记情况（2012 年）　　　　单位：亿元

地　区	总计	内资	港、澳、台商投资	外商投资
全　国	374 694.7	353 871.7	10 275.9	10 547.1
天　津	7 934.8	7 460.5	155.6	318.7
河　北	19 661.3	19 137.0	193.0	331.3
辽　宁	21 836.3	19 920.0	1042.4	873.9
上　海	5 117.6	4 340.1	237.6	539.9
江　苏	30 854.3	27 150.7	1575.5	2128.1
浙　江	17 649.3	16 226.3	817.7	605.3
福　建	12 439.9	11 199.4	758.1	482.4
山　东	31 256.0	29 868.9	589.5	797.6
广　东	18 751.4	15 908.5	204.3	180.6
广　西	9 808.6	9 423.7	204.3	180.6
海　南	2 145.5	1 887.6	159.2	98.7
东部沿海地区	177 455	162 522.7	5 937.2	6 537.1

资料来源：《中国统计年鉴 2012》，中国统计出版社，2013 年。

表 6-3 中的数据表明，沿海城市已经实现最初国家设立对外开放港口城市的目的，即通过引进外资来促动经济的发展。全国超过 60% 的外资都聚集在沿海地区。再从沿海地区的国民生产总值在全国所占的比例来看，沿海各重要城市已经成为国内外经济贸易的重要纽带。大量跨国公司的进入或设立，使得这些地区的经济国际化程度越来越高。

（四）基础设施和投资软环境日益优化

工业化、城市化以及经济的国际化，都促使沿海地区的基础设施和投资环境在不断地改善，以适应新的发展要求。经过多年的摸索实践，沿海地区在加大基础设施的建设同时，也越来越重视投资软环境的建设。

首先，沿海地区的基础设施得到大幅度的改善。在所有的基础设施建设中，交通运输系统是最主要的方面。沿海地区对外方面主要是强化航空和港口的建设，对内方面主要是以开辟新的高速公路，提高铁路航行速度等为主。如航空港的吞吐能力大增，上海、广州

---

① 黄建蓬：《中国沿海地区发展研究》，《科技广场》，2005 年第 9 期。

等正在成为具有一定国际意义的航空运输枢纽，厦门、大连、深圳等也都开辟了众多的国内外航线。多条高速公路的开辟基本上已经将沿海地区的主要大城市联系起来，以这些大城市为起点也建设了一系列的通往中西部地区的国道主干线。在通讯方面，沿海地区部分城市已经有海底光缆沟通了与发达国家的联系。

其次，沿海地区凭借其经济优势，根据国际发展的趋势，对投资软环境的建设也越来越重视，其建设状况也是走在全国前列。如汕头经济特区在投资管理与投资服务方面配套比较完善，在特区内设有海关、商品检验、卫生检疫、动植物检疫、边防检查和保险公司等管理与服务机构，为投资客商办理各种登记查验管理等服务，并基本上实现了规范化和制度化，给投资客商提供了很大的方便。各市、县多已普遍实行"站式"的管理机制，海关、商品检验、动植物检疫、金融、保险等单位，均在开发区内设立分支机构，使投资客商在开发区内的一切审批手续都能在"一站"办理。同时，实行"一条龙"服务，对投资客商的咨询做到 24 小时给予明确的答复。投资客商到开发区内投资手续办理完备之后，7 天内办完立项批准证书、营业执照等手续，尽力为投资客商提供高效服务。[①]

沿海地区的基础设施和投资软环境的日益优化，不仅吸引了更多的外资商来投资，而且也为内陆各地的投资环境建设树立了模板。

二、沿海五个经济区的发展现状

在中国 1.8 万千米的海岸线上，经过几十年的发展，已经初步形成了五大经济区，即环渤海、长江三角洲、珠江三角洲、海峡西岸、北部湾五个经济区。这五个经济区由于其发展历史、区域位置等因素，各自都有自己的发展走向。

（一）环渤海经济区

1. 环渤海经济区范围的界定

渤海是我国的内海，是一个深入大陆的近封闭型的浅海。它通过东面的渤海海峡与黄海相沟通；其北、西、南三面均被陆地所包围，即分别邻接辽宁、河北、山东三省和天津市。渤海海峡北起辽东半岛南段的老铁山脚（老铁山头），南至山东半岛北端的蓬莱角（登州头），宽度约 106 千米。渤海的总面积为 7.7 万千米，东北至西南的纵长约 555 千米，东西向的宽度为 346 千米，海区平均水深仅 18 米，最大水深只有 83 米。环渤海北起丹东，南至青岛，海岸线长约 2 700 千米（不含岛屿岸线），海域 8 万平方千米。[②] 按照经济区域和行政区域应基本一致的原则，同时也兼顾统计数据的获取和分析，本书中的环渤海地区指辽宁、河北、山东三省和天津市。

---

① 毛汉英：《粤东沿海地区外向型经济发展与投资环境研究》，中国科学技术出版社，1994 年，第 176 页。
② 陈可文：《中国海洋经济学》，海洋出版社，2003 年，第 209 页。

2. 环渤海地区的发展现状

环渤海地区作为全国政治、文化中心所在地也越来越受到人们的关注。从国际范围来看，环渤海地区处在东北亚经济区的中心地带，是我国北方地区进入太平洋走向全世界的重要通道；从国内范围来看，环渤海地区处在我国华北、东北和华东三大区的结合部，是我国城市群、港口群和产业群最为密集的区域之一，是我国经济由东向西扩散、由南向北推移的纽带。

环渤海地区的辽宁、山东、河北和天津三省一市，地理位置优越、经济发达、交通便利、海洋资源丰富。作为我国最大的内海，渤海海域水质肥活，饵料丰富，素有"天然鱼池"之称，盛产多种鱼、虾、贝类水产品，还有丰富的海洋能源资源，如，潮汐能、波浪能、风能等。油气资源是环渤海经济区的又一大优势。经过数十年来的不断勘探，发现了一批具有一定储量的油田，目前已经形成我国仅次于大庆油田的产油区——渤海油区。渤海地区的其他矿产如金、铁、金刚石、滨海砂矿等藏量也相当丰富。环渤海地区有比较雄厚的工业基础，工业门类比较齐全，冶金、机械、化学和纺织等工业产值在全国占较大比重。环渤海地区的旅游资源也很丰富，其海岸线长，沿岸地貌形态多样，自然风光优美，气候宜人，是旅游、休闲的理想去处。著名的滨海旅游城市有青岛、大连、威海、烟台等。

自我国实行改革开放政策以来，该地区经济得到了长足的发展。2010年，环渤海经济区的生产总值为87 245.91亿元，2011年为103 411.59亿元，2012年为114 328.56亿元，占整个沿海经济区生产总值的35.48%，其中第二、第三产业的比重远远高于第一产业。2012年人均地区生产总值为50 199元，仍处于沿海五大经济区的第三位，并与长江三角洲和珠江三角洲经济区的差距正在日益缩小（见表6-1）。

2009年，环渤海经济区的主要海洋产业总产值为11 182.2亿元，占本经济区地区生产总值的15.1%，2010年，环渤海经济区的主要海洋产业总产值13 868.5亿元，占经济区地区生产总值的15.9%。山东、天津2010年的海洋生产总值比2009年分别增加了1 254.5亿元和863.4亿元，辽宁和河北分别增加了338.4亿元和230亿元。此经济区海洋经济呈现出良好的增长势头（见表6-4）。

其中，山东的海洋产业总产值位居渤海经济区的首位。2011年1月4日，国务院正式批复《山东半岛蓝色经济区发展规划》，这标志着山东半岛蓝色经济区正式上升为国家战略，成为国家海洋发展战略和区域协调发展战略的重要组成部分。要把山东半岛建设成为具有较强国际竞争力的现代海洋产业集聚区、具有世界先进水平的海洋科技教育核心区、国家海洋经济改革开放先行区和全国重要的海洋生态文明示范区。[①] 山东半岛蓝色经济区建设至今，推进了50个重点项目，总投资811亿元。海洋生物医药、海洋工程装备和海

---

① 国家发改委：《山东半岛蓝色经济区发展规划》，中国网，2011年1月。

洋化工等产业的规模位居全国之首。

据《中国海洋经济统计公报 2012》统计显示，2012 年，山东半岛蓝色经济区实现生产总值 23 645 亿元，增长 10.7%。山东省海洋生产总值超过 9 000 亿元，比 2011 年增长 15%，占全国海洋经济比重逾 18%。蓝色经济区主要经济指标增幅均高于全省平均水平。2012 年，环渤海地区的海洋生产总值达到 18 078 亿元，占全国海洋生产总值的比重为 36.1%，比上年提高了 0.5 个百分点，在各经济区中所占比重最大。

表 6 - 4　2009 年、2010 年沿海各经济区主要海洋总产值　　　　　单位：亿元

区域		2009 年沿海地区海洋生产总值	2009 年沿海地区生产总值	2010 年沿海地区海洋生产总值	2010 年沿海地区生产总值
环渤海	天津	2 158.1	7 521.85	3 021.5	9 224.46
	河北	922.9	17 235.48	1 152.9	20 394.26
	辽宁	2 281.2	15 212.49	2 619.6	18 457.27
	山东	5 820.0	33 896.65	7 074.5	39 169.92
	合计	11 182.2	73 866.47	13 868.5	87 245.91
长江三角洲	上海	4 204.5	15 046.45	5 224.5	17 165.98
	江苏	2 717.4	34 457.30	3 550.9	41 425.48
	浙江	3 392.6	22 990.35	3 883.5	27 722.31
	合计	10 314.5	72 494.0	12 658.9	86 313.77
海峡西岸	福建	3 202.9	12 236.53	3 682.9	14 737.12
珠江三角洲	广东	6 661.0	39 482.56	8 253.7	46 013.06
北部湾	海南	473.3	1 654.21	560.0	2 064.50
	广西	443.8	7 759.16	548.7	9 569.85
	合计	917.1	9 413.37	1 108.5	11 634.35
沿海地区总计		32 277.7	207 493.02	39 572.7	245 944.21

资料来源：根据《中国海洋统计年鉴 2010》、《中国海洋统计年鉴 2011》的统计数据整理。

环渤海地区有着丰富海岸带、海岛、近海的自然与人文景观资源，再加上优越的区域条件和强大的经济力量，对游客具有很强的吸引力，每年本地区都会接待很多国内外游客。2004 年环渤海经济区旅游经济稳步增长，总收入为 880.15 亿元，占沿海地区旅游总收入的 1/4，排在五大经济区的第二位，仅次于长江三角洲经济区。其中，国内旅游创收 766.01 亿元，国际旅游创收 114.14 亿元。接待入境旅游人数为 2 374 288 人次。2010 年，全国入境旅游人数 13 376.22 万人次，广东省的国际旅游（外汇）收入达 123.83 亿美元，继续居全国第一位。东部沿海地区全年接待入境旅游人数 6 890.02 万人，占全国的比重为 51.5%。环渤海省份接待入境旅游人数 992.4 万人，占东部沿海省份比重为 14.4%。从表 6 - 5 中我们可以看出，东、中、西部地区的旅游外汇收入与全国平均水平的比率存在较

大的差异，尤其东部沿海地区的外汇收入在全国旅游收入中占有重要地位。

表6-5　沿海地区旅游外汇收入与全国平均水平的比率

年份	1995	1998	2001	2004	2007	2010
北京	7.936	6.868	5.719	4.678	3.813	3.009
天津	0.484	0.582	0.544	0.608	0.648	0.847
河北	0.153	0.288	0.304	0.281	0.257	0.209
山东	0.560	0.634	0.742	0.835	1.126	1.285
上海	3.415	3.509	3.510	4.483	3.891	3.782
江苏	0.946	1.524	1.596	2.599	2.888	2.853
浙江	0.858	1.040	1.357	1.917	2.255	2.344
福建	1.760	1.876	1.829	1.570	1.806	1.776
广东	8.703	8.476	8.704	7.928	7.248	7.386
海南	0.295	0.277	0.206	0.120	0.251	0.192
广西	0.440	0.449	0.584	0.424	0.480	0.481
辽宁	0.687	0.755	0.899	0.903	1.022	1.347
山西	0.076	0.109	0.115	0.120	0.185	0.277
河南	0.218	0.291	0.259	0.236	0.265	0.298
内蒙古	0.331	0.363	0.267	0.373	0.454	0.359
湖北	0.265	0.254	0.390	0.284	0.344	0.448
湖南	0.236	0.449	0.526	0.461	0.535	0.540
江西	0.091	0.124	0.136	0.118	0.163	0.206
安徽	0.113	0.147	0.205	0.207	0.286	0.423
吉林	0.149	0.109	0.147	0.142	0.149	0.182
黑龙江	0.222	0.349	0.485	0.445	0.535	0.455
云南	0.600	0.752	0.713	0.623	0.716	0.790
贵州	0.105	0.138	0.133	0.118	0.108	0.078
四川	0.455	0.242	0.322	0.426	0.427	0.211
重庆		0.254	0.317	0.299	0.318	0.419
甘肃	0.076	0.086	0.087	0.065	0.058	0.009
青海	0.007	0.009	0.018	0.013	0.013	0.012
宁夏	0.004	0.003	0.005	0.003	0.002	0.004
西藏	0.040	0.095	0.090	0.054	0.113	0.062

续表

年份	1995	1998	2001	2004	2007	2010
新疆	0.269	0.236	0.191	0.134	0.135	0.110
陕西	0.506	0.712	0.599	0.533	0.510	0.606

数据来源：杨礼娟、朱传耿、史春云、林杰：《我国入境旅游经济差异研究》，《北京第二外国语学院学报》，2012年第11期。

在海洋运输方面，环渤海经济区已建成一支以中央骨干航运业为主、地方航运业为辅的远洋船队，承担着我国大量的外贸运输业务，同时还承揽着部分国际航运市场的运输任务，可为国内外提供粮食、砂矿、煤炭、化肥、农产品、钢材、木材等货物运输任务。[①] 2004年，环渤海经济区海洋交通运输业产值471.38亿元，位于五大经济区的第三位。其中，天津的海洋交通运输收入增幅最大，2004年海洋交通运输业营运收入达161.46亿元，增加值65.24亿元（表6-6）。天津港作为中国最大的人工港，是我国北方重要的国际港口，是亚欧大陆桥理想的起点港之一。到2010年，我国海洋交通运输业全年实现增加值3 816亿元，比上年增长16.7%。2010年全国港口完成货物吞吐量89.32亿吨，比上年增长16.7%，增速比上年加快7.6个百分点，"十一五"年均增长13.0%，其中沿海港口完成56.45亿吨。货物吞吐量超过亿吨的港口由上年的20个增加到22个。其中沿海亿吨港口16个，有8个属于环渤海经济区，分别是日照港、营口港、天津港、烟台港、青岛港、秦皇岛港、唐山港、大连港。环渤海经济区在沿海交通运输中发挥着举足轻重的作用。

表6-6　货物吞吐量超过亿吨的港口　　　　　　　　　单位：亿吨

沿海港口	货物吞吐量	沿海港口	货物吞吐量
宁波-舟山港	6.33	日照港	2.26
上海港	5.63	营口港	2.26
天津港	4.13	深圳港	2.21
广州港	4.11	烟台港	1.50
青岛港	3.50	湛江港	1.36
大连港	3.14	连云港港	1.27
秦皇岛港	2.63	厦门港	1.27
唐山港	2.46	北部湾港	1.19

数据来源：《2010年公路水路交通运输行业发展统计公报》，中华人民共和国交通运输部官方网站，http：//www.moc.gov.cn/。

---

① 纪建悦、林则夫：《环渤海海洋经济发展的支柱产业选择研究》，经济科学出版社，2007年，第46页。

（二）长江三角洲经济区

1. 长江三角洲经济区范围的界定

长江三角洲是由黄河和长江冲击而形成的广阔的平原和滩涂地区，位于我国的中部海岸带前沿，是长江流域经济带和沿海经济带"T"字形结构主轴线的结合部，具有优越的区位优势。

长江三角洲的概念应该说有狭义和广义之分。从广义上讲，是上海市、江苏省、浙江省两省一市地域的统称，狭义的长江三角洲则指的是处于该地区的部分地级市及省会城市的统称，主要是包括上海、南京、杭州、无锡、扬州、苏州、常州、宁波、南通、镇江、湖州、嘉兴、绍兴、泰州、舟山、台州在内的 16 个城市（其中除上海市外，浙江省 7 个，江苏省 8 个）。① 按照经济区域和行政区域应基本一致的原则，同时也兼顾统计数据的获取和分析，本书中的长江三角洲经济区是广义的概念，即上海、江苏和浙江两省一市。

2. 长江三角洲经济区的发展现状

长江三角洲地区历来是中国最为富庶的区域之一。以"长三角"为主的江南地区，千余年来一直被誉为"人间天堂"、"鱼米之乡"，以经济和文化的发达著称。经过 30 多年的改革开放，长江三角洲已是中国经济发展速度最快、经济总量规模最大、内在潜质最佳、发展前景被普遍看好的首位经济核心区，也是中国在经济全球化过程中率先融入世界经济的重要区域之一。加快长江三角洲经济区的发展已成为沪、苏、浙三省市的共识。这一经济区的快速发展不仅将为该地区率先基本实现现代化作出贡献，也将成为带动全国经济全面增长的重要积极因素。

2003 年，长江三角洲地区 GDP 为 28 106.64 亿元，人均 GDP 为 27 891 元，海洋产业总产值 3 398.87 亿元，占全国海洋产业总产值 33.7%；2012 年，长江三角洲地区 GDP 为 108 905.27 亿元，第二、第三产业比重是第一产业的 10 倍左右；人均 GDP 为 69 028 元，位居沿海五大经济区之首，远远超过位居第二位的珠江三角洲经济区（表 6-7）。其中海洋产业总产值 5 860 亿元，占全国主要海洋产业总产值的比重为 34.5%。2010 年，"长三角"地区的海洋生产总值为 12 059 亿元，占全国海洋生产总值的比重为 31.4%。至 2012 年，长三角地区海洋生产总值达到 15 440 亿元，占全国海洋生产总值的比重为 30.8%。②

---

① 纪晓岚：《长江三角洲区域发展对策研究》，华东理工大学出版社，2006 年，第 308 页。
② 数据来源于国家海洋局历年的《中国海洋经济统计公报》。

表 6-7　2000—2012 年沿海五大经济区的人均 GDP 情况　　　　单位：元

年份	2000	2002	2004	2006	2008	2010	2012
环渤海	11 609	140 312	19 423	21 968	28 850	38 852	50 199
长江三角洲	19 927	23 958	33 318	33 290	44 599	55 262	69 028
海峡西岸	11 601	13 497	17 218	21 401	30 031	39 906	47 764
珠江三角洲	12 885	15 030	19 707	28 165	37 401	44 070	53 868
北部湾	5 607	6 451	8 323	10 588	15 221	8 231	11 080

资料来源：根据历年《中国统计年鉴》数据整理，中国统计出版社。

(三) 海峡西岸经济区

1. 海峡西岸经济区范围的界定

海峡西岸经济区，简称"海西"。海峡西岸经济区是以福建为主体，面对台湾，邻近港澳，范围涵盖台湾海峡西岸，包括浙江南部、广东北部和江西部分地区，与珠江三角洲和长江三角洲两个经济区衔接，依托沿海核心区福州、厦门、泉州、温州、汕头五大中心城市以及以五大中心城市为中心所形成的经济圈。按照经济区域和行政区域应基本一致的原则，同时也兼顾统计数据的获取和分析，本书中的海峡西岸经济区主要指福建省。

2. 海峡西岸经济区发展现状

2003 年，福建省的 GDP 为 5 232.17 亿元，人均 GDP 为 14 979 元；2004 年，地区GDP 为 6 053.14 亿元，比 2003 年增长 15.69%；2005 年，福建省 GDP 为 6 568.93 亿元，同比增长 8.52%，第二、第三产业比重远远高于第一产业，人均 GDP 为 18 646 元，位于五大沿海经济区的第四位。2008 年福建省人均 GDP 为 30 031 元，2010 年为 39 906 元，位于五大沿海经济区的第三位，2012 年，海峡西岸经济区的人均 GDP 达到 47 764 元，处在五大经济区的第四位，与长江三角洲、珠江三角洲、环渤海经济区还有较大差距（见表6-7）。

福建省是一个海洋大省，海洋优势明显，海洋科技力量强。20 世纪 80 年代，中共福建省委提出了"大念山海经"的口号，海洋经济得到较快发展。1995 年，省委、省政府作出建设"海洋经济大省"的战略部署，1998 年，省委六届第九次会议通过了《关于进一步加快发展海洋经济的决定》，省政府相应制定了贯彻"决定"的实施意见，"九五"期间海洋经济得到了快速发展。2001 年省委在"十五"规划建议中进一步提出了加快发展海洋经济，建设海洋经济强省的战略目标。2002 年省政府出台了《关于加快海洋经济工作的若干意见》，对扎实推进福建省建设海洋经济强省战略的实施作出了具体部署。2004 年中共福建省委出台了《海峡西岸经济区建设纲要（试行）》，再次强调要大力发展海洋经济。由于省委、省政府对于发展海洋经济产业的高度重视，改革开放以来，尤其是

20 世纪 90 年代以来，福建省海洋产业发展较快，已初步形成了海洋渔业、海洋运输业、滨海旅游业为主体的海洋产业结构。[①] 根据《中国海洋统计年鉴》数据显示，在 2003 年，福建的主要海洋产业产值 1 344.96 亿元，占经济区 GDP 比重 25.7%，2004 年，福建沿海地区的主要海洋产业产值为 1 738.08 亿元，同比增长 29.2%，占经济区 GDP 比重 28.7%；2009 年福建省海洋产业总产值为 3 202.9 亿元，其中海洋生产总值占地区生产总值的比重为 26.2%；到 2010 年福建省的主要海洋产业总值达到 3 682.9 亿元，占经济区 GDP 的比重为 24.99%，其中海洋生产总值占地区生产总值的比重为 25%（见表 6－4）。

为了实现把福建省建设成旅游强省的奋斗目标，省政府及有关部门多次出台文件，提出加快发展旅游业的政策与对策。目前，福建省旅游业作为新兴支柱产业的地位逐步得到加强，旅游产业规模日益壮大，旅游经济稳步增长，旅游区（景点）建设初见成效，旅游配套设施日臻完善，旅游业发展逐步走向规范化、法制化、标准化的轨道。

（四）珠江三角洲经济区

1. 珠江三角洲经济区的范围界定

珠江三角洲是由西江和东江等江河汇合于珠江口下游的冲积平原形成的广阔区域。珠江三角洲位于南海北部、广东省南部。珠江三角洲的地域范围有"小三角"和"大三角"之分。人们通常将小珠江三角洲的范围定为：西江羚峡以下、北江芦苞以下、东江石南以下、谭江开平以下、流溪河（珠江）江村以下，在此范围以下至海的陆地面积约为 8 600 平方千米。"大三角洲"的地理范围包括西、北江思贤（溶）以上的西北江三角洲和东江石龙以下的东江三角洲，以及注入三角洲的其他中小流域，面积为 26 820 平方千米，其中西北江三角洲面积为 8 370 平方千米，东江三角洲面积为 1 380 平方千米，入注三角洲中小河流面积为 17 070 平方千米。行政区划包括广东省 8 个市和 19 个县级建制县（市、区），广义的"大三角"还应该包括香港特别行政区和澳门特别行政区。[②] 按照经济区域和行政区域应基本一致的原则，同时也兼顾统计数据的获取和分析，本书中的珠江三角洲经济区仅指广东省。

2. 珠江三角洲经济区的发展现状

珠江三角洲地区经济的发展，是地理孕育了机会，历史创造了机会，政治催生了机会。①独特的地理优势：这里有优越的自然地理环境，濒临南海、毗邻港澳，通往香港、澳门有便捷的交通运输网络和设施；有天然海道良港，对外贸易方便；毗邻港澳的地缘优势，为当地经济发展提供了大量的资金、技术和宝贵的经验。珠江口滩涂资源丰富，水运条件优越，还有丰富的石油资源和旅游资源。②优越的人缘优势：这里是全国较大的侨乡之一，祖籍广东的华侨、华人约 2 200 万人，遍布世界各地；全省有归侨、侨眷 2 000 万人

---

① 苏文金：《福建海洋产业发展研究》，厦门大学出版社，2005 年，第 17 页。
② 陈可文：《中国海洋经济学》，海洋出版社，2003 年，第 210 页。

左右①，有利于招商引资。③人才和技术优势：由于珠江三角洲区域经济的高速发展和较高的经济待遇，吸引了内地大批各式各样的技术人才和管理人才，形成了本经济区特有的技术、人才优势，这有利于高新技术的吸收、消化和产业结构的调整和优化。

珠江三角洲经济最显著的特征是对外开放的区位优势明显，是我国实行开放政策最早的地区之一，我国改革开放以来本经济区的发展取得了令人瞩目的成就。2003 年，珠江三角洲地区 GDP 为 13 625.87 亿元，人均 GDP 为 17 213 元；2005 年，珠江三角洲地区 GDP 为 22 366.54 亿元，同比增长 39.45%，人均 GDP 为 24 435 元，位于五大经济区的第二位，经济区主要海洋产业总产值 3 000 亿元，占全国主要海洋产业总产值的 17.7%。2010 年人均 GDP 为 44 040 元，地区海洋生产总值 8 291 亿元，占全国海洋生产总值的比重为 21.6%。2011 年珠江三角洲地区人均 GDP 为 50 652 元，地区海洋生产总值 9 807 亿元，占全国海洋生产总值的比重为 21.5%，比上年提高了 0.6 个百分点。到 2012 年，珠江三角洲地区的地区人均 GDP 达到 53 868 元，位于长江三角洲之后，但还有一定的差距。地区海洋生产总值突破万亿元，达到 10 028 亿元，占全国海洋生产总值的比重为 20.0%。②

广东省有 14 个地市临海，大陆岸线长达 3 368 千米，管辖海域约 419 300 平方千米。全省有面积在 500 平方米以上的海岛 759 个，岛岸线总长 2 428 千米。海洋资源齐全、丰富。中共广东省委、广东省人民政府高度重视海洋工作，于 1993 年、1995 年、1997 年、1999 年和 2003 年 5 次召开海洋工作会议，每次都有新议题、新思维。在"建设海洋经济强省"的目标鼓舞下，全省人民付出了艰辛的、创造性的劳动。③ 2003 年，广东省的主要海洋产业产值 1 936.09 亿元，占经济区 GDP 比重 14.2%，2004 年，广东省沿海地区的主要海洋产业产值为 2 975.50 亿元，继续居全国首位，占全省 GDP 比重 18.6%。广东省海洋经济呈现出良好的增长势头。到 2010 年，广东省海洋生产总值为 6 661 亿元，其海洋生产总值占地区生产总值的比重为 16.9%（见表 6-4）。

广东省拥有发展滨海旅游的区位优势和资源优势。广东地处亚热带，气候温和，旅游资源丰富，类型多样，如，仁化县的丹霞山、南海县的西樵山、博罗县的罗浮山、肇庆市的鼎湖山为广东四大名山；西江上的羚羊峡（肇庆附近）、北江上的飞来峡（清远县）和被誉为"有桂林之山，西湖之水"的肇庆七星岩均为著名自然风景区，除此之外，还有温泉、度假村等人们休闲放松的场所。

广东省的海洋交通运输业根据自身经济发展的需要和地理区位的特点，充分发挥了港口资源优势，积极稳妥地推进了港口发展对策。根据香港运输业逐步向深圳、珠海等地区转移分流的趋势，合理调整了港口布局，加快了港口码头功能调整和专业化改造，扩大了港口综合吞吐能力。重点抓广州、深圳、珠海、湛江、汕头 5 个枢纽港建设，强化了港口

① 黎鹏：《区域经济协同发展研究》，经济管理出版社，2003 年，第 150 页。
② 数据来源于国家海洋局历年的《中国海洋经济统计公报》。
③ 徐质斌、张莉：《广东省海洋经济重大问题研究》，海洋出版社，2006 年，序言。

综合功能，发展了港口仓储、中转、保税业务、港口区工业以及各种专业运输业务，加快了"以港兴市"的步伐，带动了旅游业、服务业的发展，提高了港口的综合效益。同时，根据资源条件和沿海经济发展的情况，调整了港口布局，在惠州、茂名、江门、阳江、汕尾、潮州等地建设了一批直接为沿海发展外向型经济服务的中小港口和泊位，形成了大中小港口，大中小泊位相结合，层次分明、功能明确的沿海港口群。[①]

（五）北部湾经济区

1. 北部湾经济区的范围界定

北部湾是南海西北部的一个半封闭海湾，湾顶（北西）是广西壮族自治区，其东界是雷州半岛南端的灯楼角至海南岛西北部的临高角一线，南界为海南岛的莺歌海与越南永灵附近的夹角的连接线，南面为越南，面积约为 12.93 万平方千米。[②] 北部湾具有明显的区位优势和海洋资源优势。它面向东南亚，背靠大西南，邻近港澳，毗邻越南。沿海港口既是我国滇、黔、蜀、桂四省区向南出海的最近通道，又是我国距东南亚各国以及南亚海湾最近的口岸。北部湾拥有丰富的石油天然气、珍稀生物资源和矿产资源，是我国著名的海洋油气生产基地和渔场。本书中的北部湾经济区指我国的广西壮族自治区和海南省。

2. 北部湾经济区的发展现状

与其他四大经济区相比，北部湾经济区的发展明显要落后。不管是工业化和城市化程度，还是经济国际化程度，北部湾经济区在历史上就一直落后于其他沿海经济区。另外，北部湾经济区在国家政策扶持上也要弱于其他地区，再加上该地区周边的国家也大多是发展中国家，国际间的经济交往也很难为该地区的发展提供优厚的资源。

2003 年，北部湾经济区 GDP 为 3 406.06 亿元，人均 GDP 为 7 142.5 元，主要海洋产业产值 203.59 亿元，占经济区 GDP 比重 6.0%；2004 年，地区 GDP 为 4 089.46 亿元，比 2003 年增长 20.06%，主要海洋产业产值为 342.08 亿元，占经济区 GDP 比重 8.4%。2004 年，北部湾经济区海洋交通运输业产值 5.38 亿元，仅是长江三角洲经济区的约 1/200。2005 年，北部湾经济区 GDP 为 4 970.32 亿元，同比增长 21.54%，仅占全国 GDP 的 2.51%，人均 GDP 为 9 829.5 元，远远低于其他四大沿海经济区。2010 年北部湾经济区的人均 GDP 是 8 231 元，2011 年为 10 013 元，2012 年为 11 080 元。其中 2010 年，海南和广西两省（区）的海洋产业总产值一共是 917.1 亿元，其海洋产业产值占地区生产总值的比重分别为 28.6% 和 5.7%。由此可见，北部湾经济区的发展状况甚至还不如许多中西部地区。

① 徐质斌、张莉：《广东省海洋经济重大问题研究》，海洋出版社，2006 年，第 55 页。

② 陈可文：《中国海洋经济学》，海洋出版社，2003 年，第 211 页。

第二节　沿海五大经济区发展不平衡现象

从第一节中关于沿海五大经济区的地理优势和资源优势以及发展现状的简介中，很容易看出五大经济区之间存在着严重的发展不平衡现象。详细了解这种不平衡状况，有助于沿海经济区之间的交流与合作。结合相关的统计数据，以及沿海地区经济发展的各相关要素，下面将从经济总量、人均 GDP、城镇居民收入、农村居民家庭人均纯收入、对外贸易和利用外资情况以及海洋科研机构、人员及海洋科技课题六个方面探讨五大经济区之间的不平衡状况。

一、经济总量上的差异

从经济总量上看，2010 年，环渤海经济区、长江三角洲经济区和珠江三角洲经济区的 GDP 总和占全国 GDP 的 55.17%，五个区的总和则占全国的 61.79%。由此，可见沿海经济区对全国经济发展的重要性，也清晰地表明了东中西部之间的差异。从数据中可以看到，五大经济区之间存在着比较明显的差异。

沿海五大经济区之间发展不均衡状况，从历年的经济总量排序中就可以看出。2000 年至今，五大经济区的大致排序依次为环渤海经济区、长江三角洲经济区、珠江三角洲经济区、海峡西岸经济区和北部湾经济区。其中长江三角洲经济区和环渤海经济区互有赶超，两大经济区的经济产值一直在五大经济区前列。2010 年，环渤海经济区位于第一位，GDP 为 87 245.91 亿元，占全国 GDP 的 21.92%；长江三角洲经济区位于第二位，GDP 为 86 313.77 亿元，占全国 GDP 的 21.69%；珠江三角洲经济区位于第三位，GDP 为 46 013.06 亿元，占全国 GDP 的 11.56%；海峡西岸经济区和北部湾经济区排在第四、第五位，分为占全国 GDP 的 3.7%、2.92%（见表 6－1）。

二、人均 GDP 的差异

五大经济区在经济总量上所存在的巨大差异，使得人均 GDP 差异也非常明显。经济之间的差异与人口之间的差异不成比例，如长江三角洲经济区的 GDP 约是北部湾经济区的 10 倍，而北部湾经济区的人口则是长江三角洲经济区的 2/5。沿海五大经济区人均 GDP 的排序依次为长江三角洲、珠江三角洲、环渤海经济区、海峡西岸经济区和北部湾经济区。其中，长江三角洲的上海市人均 GDP 位于沿海省市的第一位，远远高于其他省市。北部湾经济区人均 GDP 一直处于五大经济区的最后一位（见表 6－1）。

三、城镇居民收入之间的差异

城镇居民收入水平是衡量一个沿海地区经济发展水平的重要指标之一。2000—2002

年，五大经济区城镇居民年家庭总收入的排序依次为珠江三角洲经济区、长江三角洲经济区、海峡西岸经济区、环渤海经济区和北部湾经济区。2003 年以后，除长江三角洲经济区超过珠江三角洲经济区以外，其他经济区排序不变。其中，长江三角洲的上海一直处在沿海省市的第一位，大大超过排在第二位的广东省。2012 年，上海市城镇居民年家庭总收入为 44 754.50 元，高出北部湾经济区近 1 倍（表 6 - 8）。

表 6 - 8　2002—2012 年沿海五大经济区城镇居民年家庭总收入　　　　单位：元

年份		2000	2002	2004	2006	2008	2010	2012
环渤海	天津	8 165.12	9 838.56	12 279.73	15 476.04	21 174.04	26 942.00	32 944.01
	河北	5 686.24	7 015.20	8 381.42	10 887.19	14 141.41	17 334.42	21 899.42
	辽宁	5 389.03	6 941.40	8 706.46	11 230.03	15 836.25	20 014.57	25 915.72
	山东	6 521.60	8 158.08	10 187.12	13 222.85	17 548.97	21 736.94	28 005.61
长江三角洲	上海	11 802.40	14 395.80	18 501.66	22 808.57	29 759.13	35 738.51	44 754.50
	江苏	6 841.45	8 738.52	11 236.68	15 248.66	20 175.57	25 115.40	32 519.10
	浙江	9 334.18	12 682.44	15 881.63	19 954.03	24 980.78	30 134.79	37 994.83
海峡西岸	福建	7 486.39	9 861.48	12 117.93	15 102.39	19 686.15	24 149.59	30 877.92
珠江三角洲	广东	9 853.65	11 960.88	14 953.39	17 725.56	21 678.51	26 896.86	34 044.38
北部湾	广西	5 881.65	7 756.92	9 324.00	10 624.30	15 393.18	18 742.21	23 209.41
	海南	5 416.17	7 174.20	8 121.85	10 081.70	13 598.60	16 929.63	22 809.87

资料来源：根据历年《中国统计年鉴》数据整理，中国统计出版社。

四、农村居民家庭人均纯收入之间的差异

沿海经济区作为全国对外开放的示范区，衡量其成就的一个重要指标是沿海开放城市对周边农村的辐射作用。从农村居民家庭人均纯收入来看，2000—2012 年，沿海五大经济区的排序依次为长江三角洲经济区、珠江三角洲经济区、海峡西岸经济区、环渤海经济区和北部湾经济区。其中，海峡西岸经济区的农民家庭人均纯收入高于环渤海经济区的主要原因，环渤海经济区的人口中内陆人口比例要远远高于福建省内陆人口的比例。而北部湾经济区与经济总量一样，也远远落后于其他四大经济区，并且低于全国平均水平。2012年，长江三角洲农村居民家庭人均纯收入为 14 852.5 元，比北部湾经济区多 8 144.72 元（见表 6 - 9）。

表 6 – 9　　2000—2012 年沿海五大经济区农村居民家庭人均纯收入　　　单位：元

年份		2000	2002	2004	2006	2008	2010	2012
环渤海	天津	3 622.39	4 278.71	5 019.53	6 227.94	7 910.78	10 074.86	14 025.54
	河北	2 478.86	2 685.16	3 171.06	3 801.82	4 795.46	5 957.98	8 081.39
	辽宁	2 355.58	2 751.34	3 307.14	4 090.40	5 576.48	6 907.93	9 383.72
	山东	2 659.20	2 947.65	3 507.43	4 368.33	5 641.43	6 990.28	9 446.54
长江三角洲	上海	5 596.37	6 223.55	7 066.33	9 138.65	11 440.26	13 977.96	17 803.68
	江苏	3 595.09	3 979.79	4 753.85	5 813.23	7 356.47	9 118.24	12 201.95
	浙江	4 253.67	4 940.36	5 944.06	7 334.81	9 257.93	11 302.55	14 551.92
海峡西岸	福建	3 230.49	3 538.83	4 089.38	4 834.75	6 196.07	7 426.86	9 967.17
珠江三角洲	广东	3 654.48	3 911.90	4 365.87	5 079.78	6 399.79	7 890.25	10 542.84
北部湾	广西	1 864.51	2 012.60	2 305.22	2 770.48	3 690.34	4 543.41	6 007.55
	海南	2 182.26	2 423.20	2 817.62	3 255.53	4 389.97	5 275.37	7 408.00

资料来源：根据历年《中国统计年鉴》数据整理，中国统计出版社。

五、对外贸易上的差异

沿海经济区的各大城市是全国对外贸易的中心，对外贸易量的大小会决定该区域的经济发展状况。2000—2002 年，五大经济区对外贸易量的排序依次为珠江三角洲经济区、长江三角洲经济区、环渤海经济区、海峡西岸经济区、北部湾经济区。其中，珠江三角洲广东省一个省的进出口总额远远大于排在第二位长江三角洲三省市的进出口额，分别占全国进出口贸易总额的 35.86%、34.62% 和 35.62%。2003 年以后，除长江三角洲三省市的进出口贸易额超过了广东省，一跃成为五大经济区之首之外，其余三大经济区的排名不变。长江三角洲的江苏省增长率最高，2000—2002 年一直排在上海之后，但从 2003 年起，江苏省的进出口额超过了上海。至 2011 年，长江三角洲经济区的进出口总额达到1 286 507 274 万美元，环渤海经济区达到 488 898 927 万美元，珠江三角洲经济区则达到913 467 331 万美元（表 6 – 10）。

表 6 – 10　2000—2011 年沿海五大经济区进出口贸易情况　　　单位：万美元
（按经营单位所在地分商品进出口总额）

年份	环渤海经济区	长江三角洲经济区	海峡西岸经济区	珠江三角洲经济区	北部湾经济区
2000	66 413 860	128 177 000	21 220 460	170 098 880	3 321 650
2002	85 150 780	184 871 410	28 397 370	221 096 310	4 297 290

续表

年份	环渤海经济区	长江三角洲经济区	海峡西岸经济区	珠江三角洲经济区	北部湾经济区
2004	150 623 541	416 063 809	47 527 013	357 130 622	7 678 915
2006	226 596 872	650 644 187	62 659 633	527 199 096	9 513 770
2008	349 662 729	925 460 970	84 821 068	684 968 798	17 764 685
2010	394 028 860	1 088 284 267	108 783 289	784 896 124	26 387 483
2011	488 898 927	1 286 507 274	143 522 428	913 467 331	36 112 002

资料来源：根据历年《中国统计年鉴》数据整理，中国统计出版社。

同时，利用外资也是对外贸易中重要的组成部分。从利用外资来看，2000 年五大经济区实际利用外商直接投资额的排序依次为珠江三角洲经济区、长江三角洲经济区、环渤海经济区、福建西岸经济区和北部湾经济区。2001—2003 年，长江三角洲利用外资超过了珠江三角洲，排在五大经济区的第一位。截至 2011 年，长江三角洲实际利用外商直接投资额为 5 640 273 万美元，占全国实际利用外商直接投资总额的 48.62%；环渤海经济区位于第二位，实际利用外商直接投资额为 5 316 622 万美元，占全国的 45.82%；珠江三角洲位于第三位，实际利用外商直接投资额为 2 179 800 万美元，占全国的 18.79%；海峡西岸经济区和北部湾经济区一直排在第四位、第五位，明显落后于其他三大经济区，仅占全国的9.52% 和 2.19%（表 6-11）。

表 6-11　2000—2003 年五大经济区实际利用外商直接投资额　　单位：万美元

年份	2000	2003	2005	2010	2011
全国	407.15	535.05	603.25	10 573 500.00	11 601 100.00
环渤海经济区	910 714	1 542 525	1 780 255	4 459 705	5 316 622
长江三角洲经济区	1 119 653	2 710 172	2 775 575	5 062 052	5 640 273
海峡西岸经济区	380 386	499 329	622 984	1 031 552	1 104 447
珠江三角洲经济区	1 223 720	1 557 779	1 236 391	2 026 100	2 179 800
北部湾经济区	95 546	103 681	106 267	242 400	253 681

资料来源：根据历年《中国统计年鉴》数据整理，中国统计出版社。

六、在海洋开发投入上的差异

海洋经济产业在沿海地区是重要的支柱性产业。海洋的开发和利用依赖于海洋技术的发展，而地区的经济状况会决定海洋科技的投入。

从海洋科研机构、人员及海洋科技课题情况来看，海洋科研机构数量、从业人员数量以及专业技术人员的排序依次为环渤海经济区、长江三角洲经济区、珠江三角洲经济区、海峡西岸经济区、北部湾经济区。其中环渤海经济区的海洋科研机构数量最多，尤其集中在青岛。2005 年，国家海洋科学研究中心正式落户青岛，是中国海洋领域科学研究的标志性事件。从海洋科研机构数、海洋从业人员和科研活动人员数量的排序上来看，依次为环渤海经济区、长江三角洲经济区、珠江三角洲经济区、海峡西岸经济区和北部湾经济区，其中环渤海经济区的上述数目分别占全国总数的 32.04%、24.32% 和 23.54%。而从海洋科技课题数来看，长三角经济区则在环渤海经济区之前，占全国海洋科技课题总数的 22.86%（表 6 - 12）。

表 6 - 12　五大经济区海洋科研机构、人员及海洋科技课题情况（2010 年）

地　区	机构数（个）	从业人员（人）	科研活动人员（人）	海洋科技课题（项）
全　国	181	35 405	29 676	13 466
环渤海经济区	58	8 614	6 986	2 151
长江三角洲经济区	44	7 856	6 576	3 079
海峡西岸经济区	12	1 004	974	621
珠江三角洲经济区	25	2 795	2 299	1 678
北部湾经济区	12	643	504	167
其他	5	1 615	1 369	918

资料来源：表格是根据《中国海洋统计年鉴 2011 年》统计数据整理。

比较表 6 - 1、表 6 - 4 和表 6 - 12，可以看出海洋经济在各个沿海地区的国民生产总值中占有相当重要的地位，而经济越发达的沿海地区，其海洋科研的投入也越大。从长远的发展眼光来看，海洋科技的投入在海洋环境逐渐恶化的状况下，是保持海洋经济能够持续增长的基本途径。

第三节　沿海地区区域协调发展的对策

一、沿海地区区域之间的协调发展

我国沿海地区与中部、西部相比发展速度快和发展程度高，但是，五大经济区之间的发展差距也是相当大，长江三角洲、珠江三角洲无论从经济总量、人均 GDP 还是城镇居民收入等方面均明显高于北部湾地区和海峡西岸地区。沿海各经济区之间的发展不均衡，不但会影响沿海各区域之间的交流与合作，而且也对整个国民经济的持续发展具有重大的负面影响。因此，沿海各个经济区之间应该相互协调，相互扶持，共同发展。建议国家与各个地方政府可以具体采取如下几点措施。

（一）适时调整国家对沿海各地区的投入比重

从改革开放至今，国家一直把长江三角洲和珠江三角洲作为对外开放的重点地区，在政策和投资上给予特殊的优惠和优先的措施。环渤海地区则因为靠近北京，以及天津的辐射作用，在政策和投资上也获得许多相应的优惠条件。海峡西岸和北部湾经济区由于开发得较晚些，而且因其地理位置要么处于一定的政治敏感带上，要么周边地区很难引进外资，因此，国家在经济投入比重和政策优惠方面相对要低很多。这样就形成了五大经济区之间政策上的不平等。例如，国家对沿海开放城市实行的优惠政策有：放宽利用外资建设项目的审批权限；增加外汇使用额度和外汇贷款、留成的比例；国家在财政拨款中利用外国资金统借统还部分主要用于东部投资，等等。这些相关的扶持政策使得长江三角洲和珠江三角洲的经济发展始终走在全国的前列。

最近国家相关部委开始商讨关于黄河三角洲的开发问题，其实就是如何加快发展环渤海经济区。相比于其他沿海经济区，环渤海经济区一直处于中等水平，存在着巨大的发展潜力。而北部湾地区开发得最晚，历史上经济发展的基础也比较薄弱。所以，在今后的发展中，政府在政策和投入方面除了要加大环渤海经济区的建设，还应该适当地偏向于海峡西岸和北部湾地区，为这两个后发展的经济区提供更多的发展资源和机会，通过创造五大经济区之间互助和公平的环境，达到区域之间的和谐发展。

（二）调整和优化各区域之间的产业结构

现代产业理论认为，资源配置结构的演化，是经济发展的结果，也是经济发展的前提，发展就是结构的高级化，结构优化是经济发展的永恒主题。调整区域产业结构，实质上就是以高效率的有优势的主导产业为核心，构筑起有机有序的区域产业结构。[①] 沿海五大经济区的产业结构在改革开放初期，由于没有经验可以借鉴，因此，许多地区的产业发展并没有很好地结合区域优势，并且也没有很长远的规划。由此，沿海很多地区出现很多畸形的产业链条。由于产业结构不均衡，各个经济区之间也存在着不良的竞争。这些状况对于区域以及全国的经济可持续发展都是不利的。

因此，应该引导东部传统产业有重点、分阶段性地向海峡西岸经济区和北部湾经济区转移，推动五大区域产业结构的调整和优化。这样对各个经济区都有好处：一是通过优化产业结果，可以提高区域生产效益；二是可以减小区域之间的供求错位程度，降低因过多商品和生产要素在区域间的大流转而造成的效率损失。最终实现发达经济区与落后经济区之间的对口支援、共同发展的目的。同时，海峡西岸和北部湾经济区也要因地制宜地发展

---

① 汪世银、李长咏：《区域产业结构调整与主导产业选择》，《理论前沿》，2003年第12期。

特色产业，充分利用本地区丰富的各种自然资源，大力发展旅游业以增加居民收入等。而发达的长江三角洲和珠江三角洲，应该在已有的经济基础上，利用优厚的人才优势和技术优势大力发展高科技、少污染的尖端产品，以先发的优势带动其他地区的发展。

（三）提高海峡西岸和北部湾地区的产业竞争力

无论从经济总量、人均GDP、对外贸易和利用外资，还是从海洋科研机构、人员及海洋科技课题情况来看，海峡西岸和北部湾经济区都明显落后于其他三个经济区。投资环境的营造和政策的优惠固然重要，但挖掘区域自身的发展潜能才是根本之道。五大沿海经济区之间相比之所以存在差距，固然有历史和政策的相关影响，但最根本的原因还是落后区域本身的产业没有在竞争性的市场中占据一席之地。

区域产业竞争力是某地区特定产业中所有企业综合运用区域内外生产要素，在同本地区以外的企业进行市场竞争中表现出来的占领市场、获取利润并得以持续发展的能力。[①]因此，提升产业竞争力的途径主要还是在开发现有资源和创建良好的融资环境的基础上，大力引进外资和先进技术。所以，后起步的海峡西岸经济区和北部湾经济区应该根据自己的资源和区位优势，通过解放思想，调整思路，加快基础设施建设和改善投资环境来提升自身产业的竞争力。

二、沿海地区各区域内部的协调发展

区域差异可以分为绝对差异和相对差异。前者是用绝对指标衡量区域之间经济发展的差异，反映了区域之间经济发展的实际差距；后者是用指标的变动率来衡量区域之间经济发展的差别，反映的是区域之间经济发展的速度差异。由于任何两个区域在资源禀赋、要素结构和开发历史等方面存在差异，因而，它们在经济结构、经济基础和发展中存在的问题也不尽相同。[②]沿海五大经济区的差异在这两个方面都体现得很明显。因此，了解区域各自的情况，有助于国家和地方有针对性地提出适合自身的发展规划。

（一）环渤海地区的发展对策

继长江三角洲经济区和珠江三角洲经济区后，环渤海经济区获得了越来越多的业内人士的关注。但也不得不承认，环渤海经济区的发展明显滞后于"珠三角"和"长三角"的发展。这种滞后的原因主要还是三个地区的发展道路各有特色：① 改革开放30多年来，三个经济区的产业发展的轨迹是不一样的。珠江三角洲因为靠近香港、澳门，产业多是加工制造企业，以"三来一补"为主导，采用的是"狼群"战术；长江三角洲则集中了我国大批优质的国有大中型企业和民营企业，采用的是"虎狼结合"，即几个国有大型企业为"虎头"带着一大批民营企业组成的"狼群"；而环渤海经济区自改革开放以来主要是

① 饶南湖：《区域产业竞争力形成机理研究综述》，《思想战线》，2008年第3期。
② 刘宝玲：《区域发展差异与区域协调发展关系思考》，《经济问题》，2007年第4期。

以利用外资为主，注重国有大中型企业的改造，只有"老虎"在发威而没有产生"狼群"。② 中心城市的带动作用不一样。"珠三角"形成了以深圳、广州、厦门和香港为中心组成的城市群，"长三角"则以上海及江浙地区的一批重要城市为中心组成了的城市群，这两个经济区都有这些强有力的完整的中心城市，它们对其周边环境进行辐射，带动着整个地区的发展。而环渤海经济区虽然也有几个重要的中心城市，但这些城市的辐射作用，由于城市之间的距离及交通运输系统的原因而与其他两个地区存在着一定的差距。以陆路交通为例，"珠三角"和"长三角"中心城市之间、中心城市与周边城市之间平均为一小时的陆运距离，而环渤海城市间的距离明显较远，城市之间的交流无论从地理、文化还是时间上都存在着障碍。

针对这种差异状况，借鉴长江三角洲和珠江三角洲的成功经验，结合环渤海经济区自身的状况，可以从以下几个方面促进环渤海经济区的发展。

1. 通过充分发挥地理区位优势来抢抓发展机遇

环渤海经济区处在东北亚经济区的中心地带，是我国北方地区走向全世界的重要通道；地处我国华北、东北和华东三大区的接合部，是我国城市群、港口群和产业群最为密集的区域之一，是我国经济由东向西扩散、由南向北推移的纽带。如天津滨海新区成为继上海浦东新区获批后，我国第二个综合配套改革试点区，并有了明确的发展和定位。天津滨海新区的功能定位为：依托京津冀、服务环渤海、辐射"三北"、面向东北亚，还聚集了天津港、国家级开发区、保税区等功能区，海、陆、空立体交通网络可以把货物通畅地运到世界各地。努力建设成为我国北方对外开放的门户、高水平的现代制造业和研发转化基地、北方国际航运中心和国际物流中心，逐步成为经济繁荣、社会和谐、环境优美的宜居生态型新城区。天津滨海新区包括塘沽区、汉沽区、大港区三个行政区和天津经济技术开发区、天津港保税区、天津港区以及东丽区、津南区的部分区域，规划面积2 270平方千米。天津滨海新区的建设是环渤海经济区的一个发展契机，应该紧紧抓住这一机遇，带动整个经济区的快速发展。

环渤海经济区中其他地区，如山东、辽宁等省市应该加大各自沿海城市区的发展，利用天津的发展机会，通过加强彼此之间的交流合作，以及与日本、韩国等国家的国际交流合作，形成环渤海经济圈。

2. 加强国际经济合作，大力发展对外贸易

环渤海地区工业发达，城市和人口密集，继中国成功地开发、开放珠江三角洲和长江三角洲后，这一地区正在掀起第三波开放浪潮。同时，这一地区拥有非常广阔的腹地，可以辐射到东北、华北、西北和华中的内陆地区。广阔而市场潜力巨大的腹地，为区域间国际经济合作提供了非常有利的市场条件。

环渤海地区陆地交通发达，处在新亚欧大路桥东桥头堡的位置。北面通过铁路可以与俄罗斯、蒙古等国往来，东面与日本、韩国隔海相望，这些都为对外贸易提供了快捷的交

通条件。同时，环渤海经济区的海洋产品、海洋能源、海洋矿产资源、旅游资源等诸多自然资源丰富，而日本和韩国由于国土面积所限在自然资源方面相对比较缺乏，因此，与日本、韩国加强交流和合作，利用他们的技术优势和资金来开发本地的资源。

3. 强化区域内部的合作，培育一个完整的环渤海市场体系

环渤海是个大面积、多面向的大块区域，它直接包含沿海的三个省（辽宁、河北和山东）和一个直辖市（天津），但是东北其他两省（黑龙江、吉林）和北京市、内蒙古、山西、宁夏、河南等省市其实都在其辐射范围内。因此，环渤海拥有广阔的市场和强大的人力与资源后盾，那么，经济区内各项要素的全面融合对于区域经济的协调发展至关重要。所以要消除各省市之间的行政壁垒和市场障碍，共同培育和发展环渤海地区统一、开放、有序的市场体系，使整个经济区的资源、人才、资金、企业资产等生产要素在区域内顺畅流动和合理配置。正是出于这样的考虑，1986 年，由时任天津市长李瑞环发起环渤海地区14 个沿海城市和地区共同响应成立了"环渤海区域合作市长联席会"，联席会致力于环渤海地区消除行政壁垒和降低地方保护主义的影响。在 2013 年召开的"环渤海区域合作市长联席会第十六次市长会议"工作报告中指出，"据不完全统计，两年来，环渤海区域间重点经贸合作项目已突破 3 000 个，合作金额超过 5 000 亿元"。这也说明了环渤海经济区在国民经济发展中的重要性。[1]

强化经济区的内部合作，培育一个具有环渤海特色的完整的市场体系。各个地方省市就应该做到如下几点：① 在政策上，通过调整不利于跨行政区重组的经济体制和政策，尤其是税制和金融体制（如改变按隶属关系纳税的办法，企业所得税全部改为属地征税，改变按行政区划贷款，对不同地区注册的企业一视同仁，等等），促进经济区内的企业按市场原则通过兼并、收购、参股控股、合资、合作、租赁和承包经营等方式跨地区流动和重组；② 重视经济区内部之间的交通运输体系的建设，尽快形成环渤海地区的互联式、一体化交通网络，区内机场、港口、高速公路和铁路等运输设施和电力设施应通盘考虑和科学规划，避免重复建设、负荷不均衡等问题造成不必要的浪费；③ 建立包括整个经济区的完善的综合服务体系，如建设区域统一的人才、信息市场，实现资源共享；推动区域内高等院校、科研院所的合作，提高智力资源利用效率；整合旅游和文化资源，活跃区域旅游和文化交流；共同治理和保护环境，建设生态良好、环境优美的经济圈；实现环渤海地区由物资交换发展到科技、金融、人才、医疗、环保、旅游等多领域、全方位的合作。

4. 加强环渤海区域港口联系与分工协作

环渤海经济区的陆域面积达 112 万平方千米，占全国人口的20%。近年来，随着天津滨海新区、辽宁沿海经济带、河北沿海地区和山东半岛蓝色经济区等纳入国家发展战略，

---

① 张建国：《在环渤海区域合作市长联席会第十六次市长会议上的工作报告》，《环渤海经济瞭望》，2013 年第 9期。

环渤海地区进入了跨越式发展的新阶段，经济增长速度高于全国平均水平，区域发展的活力也不断增强，在我国经济发展中起到了引领和带动作用。环渤海地区沿海有各类港口 79 个，其中亿吨港口 13 个，青岛、天津、唐山、营口和大连等港口吞吐量均超过 3 亿吨。2012 年，环渤海规模以上港口完成货物吞吐量 31.914 吨，完成集装箱吞吐量 3 408.9 万箱，分别占全国总量的 32.77% 和 19.31%。[1] 目前，天津与大连、东营与大连之间已成功开通了客货运滚装船航线；同时，通过积极推动内陆及腹地城市对接沿海城市，联合兴建内陆无水港的方式，搭建了外贸进出口的便捷通道。[2]然而，港口之间仍然存在货物腹地重复、相互抢夺货源和港口同体能力不足等问题，这都需要在加强港口的合理布局和相互合作方面进行深入的研究和努力。

（二）长江三角洲经济区的协调发展

长江三角洲地区是我国发展基础最好、发展水平最高、综合实力最强的地区，在我国社会主义现代化建设中占有重要地位。党中央、国务院历来高度重视长江三角洲地区的改革开放和经济社会发展，在不同时期多次做出重要部署。1985 年，国务院决定将长江三角洲开辟为经济开放区。1992 年，根据邓小平同志的重要讲话精神，中央做出了开发浦东、加快长江三角洲和沿江地区开发开放的战略部署，明确提出以上海浦东开发开放为龙头，进一步开放长江沿岸城市，尽快把上海建成国际经济、金融、贸易中心，带动长江三角洲和整个长江流域地区经济的新飞跃。十几年来，中央领导同志先后多次到长江三角洲地区视察工作，对长江三角洲的发展寄予殷切希望，作出重要指示。在党中央、国务院的正确领导下，在有关省市的共同努力下，长江三角洲地区经济社会发展取得了举世瞩目的巨大成就，有力地带动了沿海地区和长江流域的发展，为全国改革开放和现代化建设做出了重要贡献。

但是，长江三角洲经济区的经济发展由于受到一定历史和政策的诱导，江苏和浙江为主的吴越地区的发展出现了"模式趋同"现象。[3] 最典型的是以温台地区为代表的浙江发展模式和以苏锡常等地的乡镇企业发展为代表的苏南模式。这种现象对于该地区之间的长远发展，以及区域内部的合作都是不利的。因此，长江三角洲经济区内部也需要协调发展。为此，许多学者都围绕着区域内部的合作为主题提出了各种实现策略[4]。概括起来，可以归纳为以下几点。

---

① 刘天寿：《我国环渤海港口群的布局研究》，《中国证券期货》，2013 年第 6 期。

② 张建国：《在环渤海区域合作市长联席会第十六次市长会议上的工作报告》，《环渤海经济瞭望》，2013 年第 9 期。

③ 胡彬、应巧剑：《长三角区域发展中的"模式趋同"现象及一体化合作问题研究》，《当代财政》，2008 年第 9 期。

④ 参见石忆邵的《沪苏浙经济发展的趋异性特征及区域经济一体化》，《中国工业经济》，2002 年第 9 期；吴柏均、钱世超等的《政府主导下的区域经济发展》，华东理工大学出版社，2006 年；杨上广、吴柏均的《区域经济发展与空间格局变化》，《世界经济文汇》，2007 年第 1 期。

1. 通过建成创新型区域来提升国际竞争力

作为全国最发达的地区，长江三角洲经济区已经成为中国的代表，它的国际竞争力如何直接决定着中国的国际经济地位。长江三角洲的科教力量雄厚，各类人才荟萃，知识技术集聚，开放条件优越，是我国提升自主创新能力、建设创新型国家的重要支撑区域。因此，长江三角洲需要转变经济发展方式，率先建设成为创新型区域，这不仅是长江三角洲地区提高发展层次、保持领先优势的内在要求，也是我们建设创新型国家、加速推进社会主义现代化建设的迫切需要。具体而言，有以下几方面内容①。

（1）要在构建区域创新体系上走在全国前面，成为自主创新的示范区域。要坚决走中国特色自主创新道路，大力整合区域科技资源，加快区域创新体系建设，全面提高原始创新能力、集成创新能力和引进消化吸收再创新能力。特别要加快建设以企业为主体、市场为导向、产学研相结合的技术创新体系，引导和支持创新要素向企业集聚，促进科技成果向现实生产力转化。

（2）要在推动产业结构优化升级上走在全国前面，成为经济结构优化调整的示范区域。要率先促进经济增长由主要依靠投资、出口拉动向依靠消费、投资、出口协调拉动转变，由主要依靠第二产业带动向依靠第一、第二、第三产业协同带动转变，由主要依靠增加物质资源消耗向主要依靠科技进步、劳动者素质提高、管理创新转变。要率先把加快发展现代服务业作为推进产业结构调整、转变经济发展方式的重要途径，大力发展现代物流、金融服务、科技服务、信息服务、旅游和文化创意等服务业，积极营造促进服务业快速发展的良好环境和支撑体系，不断提高服务业的比重和水平，尽快形成以服务业为主的产业结构。

（3）要在区域联合协作上走在全国前面，成为一体化发展的示范区域。要积极探索社会主义市场经济条件下组织区域经济的新模式，着力构建多层次、宽领域的区域协调机制，加快推进区域经济一体化。要坚持以市场为基础、企业为主体、政府引导、多方参与的原则，进一步完善合作机制，形成"领导协商、部门落实、企业参与、社会响应"的联动发展合作机制，合理引导生产力布局，促进区域内分工协作、优势互补、协调发展，加快形成统一开放的市场体系和基础设施网络，保障各种生产要素的合理流动和优化配置。

2. 以信息产业为主导实现区域经济的跨越式发展

长江三角洲经济区的产业结构趋同现象已经得到学术界的普遍认同。上海、江苏、浙江在制造业方面存在一定的趋同现象，如，化纤、文体用品、金属制品、普通机械、服装、电气设备以及文化办公用品等行业。另据调查，长江三角洲 15 个城市产业结构相互间的相似系数都在 0.95 以上，而且城市间距离越近，相似系数越高，有的甚至达到

---

① 杜鹰：《率先建设创新型区域，全面提升国际竞争力》，中华人民共和国发展和改革委员会网，2007 年 12 月 1 日。

了 0.998。[1]

在这种趋同的背景下，发展要想有所突破，就必须依靠先进技术等条件实行创新发展。21 世纪被称为信息社会，信息产业与整个国民经济的健康发展有着不可分割的联系，它不仅直接影响到整个国民经济的效率，而且已经成为整个社会经济系统不可缺少的基础和命脉，以及经济与社会安全的枢纽。因此，必须大力发展信息产业，促进长江三角洲地区新产业和产业部门的形成，开辟出新的生产和服务领域。通过改变各产业之间的相互关系，促进产业结构的升级，解决产业结构趋同问题。[2]

3. 加快建立区域内部协调机构以推进区域的全面发展

长江三角洲分属两省一市，缺乏整体开发与发展的思路和政策，地区间协调难度很大。加上长期的条块分割管理，更加助长了各自为政的不良习气，从而使得发展战略相差很大，经济发展差距越来越大，如上海的城镇人均年收入和江苏相比差距不断扩大等。这种不良风气不仅干扰了地方政府之间的合作，导致了一些区域性交通基础设施和环境治理工程因缺乏协调而进展缓慢，更是严重干扰了企业的正常运作，影响了区域现代化进程。为了使长江三角洲地区的经济合作取得实质性的进展，应该建立一个行政权威性较强，且高于各个城市等级的专门机构担当统筹规划、协调政策与利益的职能，具体制定并执行有关的方针与政策，以推进区域经济全面协调发展。

（三）海峡西岸经济区的协调发展

海峡西岸经济区由于靠近台湾，新中国成立以来一直是一个政治敏感的地带，经济发展相应地受到了一定的制约。事实上，该地区拥有大量的台湾同胞以及海外同胞，在利用外资上是占有较大优势的。随着长江三角洲和珠江三角洲的快速发展，以及大陆与台湾关系的好转，海峡西岸经济区面临着巨大的发展机遇。因此，如何在原有的基础上，充分利用自身的特点，进行相应的产业结构调整以适应新的发展趋势，是目前海峡西岸经济区协调发展的主要问题。为此，结合相关学者的观点，我们提出以下几点建议。

1. 合理定位，制定对接海峡东岸台湾和"长三角"及"珠三角"经济区的协同战略[3]

协同战略是指要善于整合资源，努力创造和争取区域内外资源的协同效应，包括内部资源协同效应和外部资源协同效应。通过整合，将分散的资源变成集中的资源，闲置的或低效的资源变成活性的和高效的资源，外部资源变成内部资源。实施协同战略要有甘当和当好配角的精神，主动地让自己的资源为他人所用，通过这样的安排使资源变得更有价值、更有竞争力。海峡西岸经济区与其他经济区域的协同，是关系着海峡西岸经济区发展

---

①　潘捷军：《长三角经济研究综述》，《上海经济》，2003 年第 7/8 期。

②　刘渊：《长江三角洲、珠江三角洲发展对比研究与长江三角洲发展的策略选择》，《浙江大学学报（人文社会科学版）》，2001 年第 6 期。

③　黄秀香：《海峡西岸经济区发展对策思考》，《福建财会管理干部学院学报》，2005 年第 4 期。

的外部动力强弱的重大战略。在区域内外合作的战略选择中，要根据海峡西岸经济区的竞争优势和劣势进行互补性合作。瑞典经济学家赫克歇尔和奥林关于区域经济分工的要素禀赋理论认为，各区域的生产要素禀赋不同，即生产要素的供给不同，是形成区际分工和贸易的基本原因。①

目前，海峡西岸经济区和"长三角"与"珠三角"的对接主要体现在基础设施、产业及市场上，但资源的互补、产业的互补及整合等方面还没有纳入系统的协同战略中。在海外区域对接方面，主要是通过对外经贸合作及对台商的招商引资方面，并没有发挥福建作为联结点的区位优势。福建与台湾经济还有着很强的互补性。台湾经济发展水平较高，拥有雄厚资金，科技产业基础好，管理经验丰富等优势，但市场狭小、资源有限、劳动力成本高，产业转移趋势明显；而福建资源相对丰富，劳动力充足，但资金不足，技术水平相对低下，缺乏管理经验，具备接纳台湾产业的条件。这些区域因素说明，在海峡西岸经济区的战略规划中一定要把东西两岸经济的融合纳入其中。

2. 利用现有资源，大力发展海洋产业

海洋是福建国土的"半壁江山"，拥有"渔、港、景、油、能"五大优势资源。福建省近海有海洋生物 3 312 种，其中鱼类 752 种，发展海洋水产业具有得天独厚的条件。海岸带和近海海域蕴藏着大量矿产资源，已发现的矿产有 60 余种，有工业利用价值的 20 余种，矿产地 300 余处。海峡油气资源丰富，据调查油气资源总量 2.9 亿吨。全省沿海风能资源丰富，并有利用潮汐、波浪、海流、温差发电的广阔前景。沿海风光秀丽，气候宜人，拥有丰富多彩的自然和人文旅游资源，是天然的度假和旅游胜地。②

面对陆海一体化和经济全球化进程不断加快，充分发挥福建海洋区位和资源优势，大力发展海洋产业，可以使其成为国民经济新的增长点，弥补陆地经济不足，拉动多种产业，带动内陆腹地的经济发展。除此之外，发展壮大海洋产业可以缓解人口、资源、环境，拓展新的生存空间，推进经济的可持续发展，有利于海峡西岸经济区产业结构的优化和调整，改善人民生活水平。

3. 加强与台湾的经贸联系，扩大利用外资的力度

台湾作为亚洲经济发展的"四小龙"之一，其技术优势、管理经验和雄厚的剩余资金是海峡西岸经济区加快发展的有利条件。海峡西岸经济区面对台湾，毗邻台湾海峡，具有独特的区位优势。加强与台湾的经贸联系，对于加快本地区的经济发展具有重要意义。按照"同等优先，适当放宽"的原则，加强闽台产业对接，密切与台湾相关行业协会、企业的联系，加强信息、机械、石化等重点领域合作。加强闽台服务业合作，联手建设海峡西岸区域性物流中心。发挥现有台商投资区的"窗口"功能和带动作用，推动福建企业和台

---

① 陈秀山、张可云：《区域经济理论》，商务印书馆，2002 年，第 326 页。
② 中国海洋年鉴编纂委员会编：《2005 中国海洋年鉴》，海洋出版社，2006 年。

资企业加强产业配套，增强产业集聚功能，使福建成为对台产业合作的重要基地。扩大对台直接贸易和小额贸易，做好输台渔工劳务派遣工作。进一步完善台商投诉协调机制和法律服务机制，切实保护在闽台商的正当权益，为台胞来闽投资兴业、交往交流提供便利条件和优质服务，推动闽台经贸合作向更高层次、更大规模发展。[①]

（四）珠江三角洲经济区的协调发展

一直以来，珠江三角洲经济区的发展水平稍落后于长江三角洲。由于其靠近香港和澳门，在这两个地方没有回归祖国之前，珠江三角洲的经济发展实际一直是靠"打擦边球"的方式为主，很多行政性政策使得人口、技术和资金在珠江三角洲和香港、澳门之间的流动遇到了种种人为的障碍。但自从这两地回归祖国之后，珠江三角洲的发展势头大大超过了长江三角洲，如表6－7至表6－11所示，自2000年以来，珠江三角洲的各项经济指标直追长江三角洲，稳居沿海五大经济区的第二位。但是，由于原来珠江三角洲的发展模式受到诸多历史因素的影响，其产业结构存在着诸多问题，在与我国香港、澳门以及其他国家进行全面交流和合作的时候，仍然存在着许多的不足，如投资软环境的不规范等。这些不足对于珠江三角洲的持续发展是不利的。因此，珠江三角洲经济区既要紧紧把握香港和澳门回归所带来的巨大发展机遇，也要加强自身的建设。

1. 大力发展加工工业，强化与香港、澳门的贸易互补

加工贸易是工业化初期发展外向经济的有效途径，并且发展外向型经济是珠江三角洲各地市经济发展中最普遍的特征。珠江三角洲的外向型经济是从"三来一补"起步的，借此推动经济区的工业化，改变了原来以农业为主的经济结构。发展以劳动密集产业为主的加工贸易，可以充分利用我国资源要素禀赋的比较优势。因此，改革开放之后，珠江三角洲各地通过加工贸易打开了国际市场的大门上，促动了我国东南沿海地区经济的发展。加工贸易的收入构成了经济区生产资金的积累源泉，成为居民消费的开支来源，也构成了启动区域经济发展的投资资金和产品的消费基金。

珠江三角洲的这种产业模式是与国家的贸易措施有关的。我国改革开放后不久，就建立起了双重的贸易机制，既有传统的一般贸易机制，又有出口加工（或出口促进）机制，也就是加工贸易机制。前者是仍受国家管制的（正在逐步改革），后者是非常开放的，大部分外资企业和部分出口倾向的国内企业都是这一机制的受益者。20世纪90年代以来，加工贸易出口增长迅速，已占我国总出口的一半以上，其中，广东的比例是最高的，在1999年全国出口中加工贸易部分占到了77.8%。"三来一补"企业不仅引进了设备、技术，而且通过出口加工生产，培训了大批的技术人员和熟练劳动力。这些人才学会了经营和管理，成为珠江三角洲经济区各种企业的骨干力量。珠江三角洲的成功实践，证明了通

---

① 《福建省建设海峡西岸经济区纲要》，福建新闻网，http：//www.fjcns.com/2007－02－16/1/9459.shtml，2007年2月16日。

过加工贸易这一新的、开放的机制，引入外资发展外向型经济，有利于我们抓住发达国家和地区调整产业结构、外移劳动密集型产业的机遇，最大限度地利用我国拥有大量低成本劳动力资源的比较优势，从而提供经济竞争力。

2. 培养与吸引人才以提高自主创新能力

"三来一补"的产业虽然能够快速地提升经济总量，但是，这种模式对产品的销售地过于依赖。一旦合作对象出现问题，整个产业都有可能面临危机。因此，提高自主创新能力，是珠江三角洲在新的国际国内发展形势下面临的主要问题。而自主创新能力的获得和提高，主要依赖于相应的人力资源。目前，人力资源的缺乏对珠江三角洲经济发展的制约影响是非常明显的。

由于珠江三角洲的劳动力几乎全部都是来自内地省份的农民，因而劳动力的流动性极大，当地企业很难培养出一支稳定的熟练的工人队伍。并且"三来一补"企业多是以劳动密集型的、技术含量低的加工产业为主，很难从中培养出高素质、高水平的各类人才。因此，珠江三角洲的人力资源缺乏不仅表现在人才的缺乏和人力素质的低下，而且也表现为人才培养体系的缺乏。所以，培养和吸引人才对珠江三角洲地区经济的持续发展起着举足轻重的作用。经济区应该走吸引外来人才和自主培养人才相结合的路子。从长远发展的角度来看，珠江三角洲经济区需要大力提高企业的创新性科研水平，培育自己的高端核心创新技术，打造自己的核心技术产品，这样才能在国际市场中有立足之地。[①]

3. 通过产业结构的调整来弥补资源不足的发展障碍

以"三来一补"型企业为主的产业结构是相当脆弱的，它不但很依赖于产品销售市场，而且是以消耗当地的自然资源为发展基础的。某一特定区域的自然资源，尤其是不可再生资源总是有限的。对自然资源过于依赖的产业是很难保持持续性发展的。

珠江三角洲经济区的经济经过了30年的快速发展，目前的增速开始减缓。其主要原因就是该地区的土地、人力等资源不足问题凸显，需要进行产业结构优化和升级，才能实现可持续发展。所以，地方政府应该鼓励珠三角产业向山区及东西两翼转移，在加快山区及东西两翼经济发展的同时，也促进珠三角产业结构的优化升级，从而推动整个经济区的经济加快发展、率先发展和协调发展。珠江三角洲经济区的产业转移，是一个双赢的战略，既解决了珠三角地区土地和劳动力资源不足，腾出空间，发展高技术、高增长、高效益的产业，也可使落后地区通过承接珠三角的技术、资金、管理，发展经济。

（五）北部湾经济区的协调发展[②]

作为五大沿海经济区中最落后的经济区，北部湾经济区加速发展的各种条件正在形

① 周春山、王芳、陈洁斌:《珠江三角洲发展对策的思考——基于与"长三角"的比较》,《城市规划》, 2006年第11期。

② 赵歧阳:《贾庆林:集各方面智慧和力量 推动北部湾经济区发展》, 中国经济网, http://www.gxce.cn/zjdm/ShowArticle.asp? ArticleID=21332, 2007年6月5日。

成。随着中国—东盟自由贸易区的建立，北部湾经济区作为自由贸易区的通道地位正在日趋显现。这一区域，面向东南亚，背靠大西南，东邻发达的大"珠三角"，正好处于中国—东盟自由贸易区的中心位置，也处于"泛珠三角"经济圈的中心地带。北部湾地区是中国内陆地区走向东南亚最便捷的大通道，是大珠三角经济圈、西南经济圈和东盟经济圈的接合部。

随着国际、国内经济区域化、集团化的发展，北部湾经济区的地缘优势正在转化为一种无可代替的、引人瞩目的区位优势。建立中国—东盟自由贸易区后，东盟各国乃至世界各国的大量资金、人才、物资流入中国的大西南地区，北部湾地区无疑是进出的最佳位置。同时，内陆各地区要抢占与东南亚合作乃至进军东南亚的先机，就必须要充分利用好这一区域。如此，良好的区位优势为环北部湾地区加强经济合作，形成强强联合、优势互补创造了条件。在这种状况下，北部湾经济区自身应该加强建设，充分利用外力来促动内部的协调发展。

1. 当务之急是构建科学合理的产业结构

与其他四大沿海经济区相比，北部湾经济区落后的一个重要原因是产业结构的落后。构建科学合理的产业结构是北部湾经济区发展的大事。北部湾各地政府应该通过科学研究和合理规划，建设既能发挥北部湾经济区的沿海区位优势，充分利用国际国内两个市场、两种资源，又要符合国家宏观调控政策特别是产业政策的产业结构，加强石化、能源储备、林浆纸等产业的布局。

2. 以发展服务业为其战略重点

在其他四大经济区已经比较发达的情况下，北部湾经济区很难通过发展工业来抢占市场。而北部湾经济区作为中国—东盟自由贸易区的通道，就为服务业的发展提供了必要的条件。在当代社会，服务业的比重和发展水平已经成为衡量一个国家和地区经济发展水平的重要标志。因此，北部湾经济区要把加快发展服务业作为新的经济增长点和经济调整的战略重点，大力发展物流等现代服务业，不断提高服务业的比重和水平。北部湾经济区的开放和开发要把第三产业作为重点来发展，包括金融保险、物流配送、信息咨询等生产性服务业，切实把经济区建设成为中国—东盟的物流基地、商贸基地、加工制造基地和信息交流中心。同时，也要利用地方特色不断丰富消费性服务业，特别是旅游业。要充分发挥旅游业的带动作用，发挥北部湾旅游业资源优势和区位优势，使之成为经济区的支柱产业之一。

第四节　东部地区与中部、西部地区之间的协调发展

本书所提到东部、中部、西部地区是指根据经济发展水平与地理位置相结合来划分的除了台湾省、香港特别行政区和澳门特别行政区以外的其他省、自治区和直辖市。东部沿

海地区包括北京、天津、河北、辽宁、上海、江苏、浙江、福建、山东、广东、广西、海南 12 个省市自治区；中部地区包括山西、内蒙古、吉林、黑龙江、安徽、江西、河南、湖北、湖南 9 个省和自治区；西部地区包括四川、重庆、贵州、云南、西藏、陕西、甘肃、青海、宁夏、新疆 10 个省市自治区。

一、东部、中部、西部的发展现状

（一）东部地区发展现状

东部地区是我国经济最发达的地区。自 1949 年以来，东部地区一直处于率先发展的位置，尤其是改革开放以后，发展速度则更加快速。"2008 年东部地区人均生产总值较 1952 年的 132 元增长了 264 倍，达到 34 942 元。地区生产总值较 1952 年的 310.6 亿元提高了 632 倍，达到 196 517 亿元。"[1] 东部地区的生产总值占到全国的一半以上。长江三角洲作为东部地区经济发展的前沿，实力最为雄厚。北部沿海地区以环渤海经济区的经济总量最大；南部沿海则以珠三角经济区为引擎，在经济总量上不及环渤海地区，但在人均生产总值上超过了环渤海经济区。北部湾地区在经济发展方面比较落后，生产总值不及其他经济区。

（二）中部地区发展现状

中部的经济实力明显弱于东部，但中部地区也是具有很大发展潜力的区域，是我国经济的腹地和重要市场。在第八届中国中部地区投资贸易博览会高峰论坛上，中国工业经济联合会会长李毅中指出，"中部地区工业基础雄厚，生态环境容量较大，集聚和承载产业的能力较强，具有加快经济社会持续健康发展的良好条件。实施中部崛起战略以来，经济社会发展成效显著。'十一五'期间，中部六省年均经济增速达 12.1%，2012 年 GDP 总量占全国 22.43%。"[2] 中部地区作为我国东西部的连接地带，对东部经济发挥着重要的市场作用，东北等重工业基地，也是国家建设的重要保障，而且对西部地区也起着重要的带动作用。

（三）西部地区发展现状

西部地区从整体上来说是我国经济实力最为薄弱的区域。西部地区土地面积 681 万平方千米，占全国国土面积的 71%，但是人口则占全国的 28%。地广人稀，经济欠发达。1986 年国务院在制定"七五"计划时，把全国大致划分为东、中、西三大经济带，其中西部地区包括了四川、贵州、云南、西藏、甘肃、青海、宁夏和新疆等 9 个省区。在 2000 年实施西部大开发时，又加入了直辖市重庆、中部的内蒙古自治区和东部的广西壮族自治区。据统计，2000 年东西部地区 GDP 相差 34 365.5 亿元，人均 GDP 相差 7 192 元，全社

① 任保平、王蓉：《中国东部地区的经济增长质量评价》，《江苏社会科学》，2011 年第 1 期。
② 李毅：《中部地区进入发展新阶段》，《中国矿业报》，2013 年 5 月 30 日第 A02 版。

会固定资产投资相差 11 374 亿元，地方财政收入相差 2 524 亿元，城镇居民可支配收入相差 2 451 元，农民纯收入相差 1 955 元。到 2010 年以上差距分别扩大到 150 622 亿元、23 878元、53 962 亿元、15 132 亿、7 467 元和 3 725 元。[①] 可见，东中西部之间的差距是十分巨大的，这种经济发展的不平衡，在一定程度上是由于地理和自然条件的差距导致的，但也有制度和政策导向上的原因。

二、东部、中部、西部发展的差距及原因

（一）差距

东部、中部、西部之间的差距不仅从总量上比很明显，从经济效益上比也是很明显的。结合表 6 - 13，东中西部之间的差距可以概括为以下几点。

1. 区域间经济总量及发展水平差距过大

从经济总量来看，东、中、西三大地区的 GDP 占全国 GDP 的比重依次递减，其中，东部地区的 GDP 占全国一半以上，而西部地区仅占 12.9%，不及东部地区的 1/5。

2. 区域间产业结构"质量"相差很大

首先，对东部、中部、西部的三次产业构成进行比较。东部第一产业比重远比中、西部小，说明东部工业化程度比西部高。中西部第一产业相差不大，中西部还是比较依赖于第一产业。同时，中部主要是第三产业落后于东部，而西部则主要是第二产业落后得比较多。

3. 单位能耗凸显区域间经济效益的巨大差异

"单位国内生产总值能耗（吨标准煤/万元）"已经成为国际上通用的衡量经济效益和生产效率的重要指标。能耗越低，表明该区域的经济效益和生产效率就越高。反之，能耗越高，表明该区域的经济效益和生产效率就越低。从表 6 - 13 中可以看到，单位能耗越低的省市，其经济总量和人均收入也越高。

---

① 黄明辉：《新时期西部地区经济发展问题研究》，《毕节学院学报》，2013 年第 7 期。

表6-13　2012年各地区经济发展的基本效益情况

区域		地方一般预算财政收入（亿元）	城市居民人均可支配收入（元）	农村居民人均纯收入（元）	各地区能耗指标值（吨标准煤/万元）
东部	北京	3 006.28	32 903.03	14 735.68	0.459
	天津	1 455.13	26 920.86	12 321.22	0.708
	河北	1 737.77	18 292.23	7 119.69	1.300
	山东	3 455.93	22 791.84	8 342.13	0.855
	上海	3 429.83	36 230.48	16 053.79	0.618
	江苏	5 148.91	26 340.73	10 804.95	0.600
	浙江	3 150.80	30 970.68	13 070.69	0.590
	福建	1 501.51	24 907.40	8 778.55	0.644
	广东	5 514.84	26 897.48	9 371.73	0.563
	海南	340.12	18 368.95	6 446.01	0.692
	辽宁	2 643.15	20 466.84	8 296.54	1.096
中部	山西	1 213.43	18 123.87	5 601.40	1.762
	河南	1 721.76	18 194.80	6 604.03	0.895
	内蒙古	1 356.67	20 407.57	6 641.56	1.405
	湖北	1 526.91	18 373.87	6 897.92	0.912
	湖南	1 517.07	18 844.05	6 567.06	0.894
	江西	1 053.43	17 494.87	6 891.63	0.651
	安徽	1 463.56	18 606.13	6 232.21	0.754
	吉林	850.10	17 796.57	7 509.95	0.923
	黑龙江	997.55	15 696.18	7 590.68	1.042
西部	云南	1 111.16	18 575.62	4 721.99	1.162
	贵州	773.08	16 495.01	4 145.35	1.714
	四川	2 044.79	17 899.12	6 128.55	0.997
	重庆	1 488.33	20 249.70	6 480.41	0.953
	甘肃	450.12	14 988.68	3 909.37	1.402
	青海	151.81	15 603.31	4 608.46	2.081
	宁夏	219.98	17 578.92	5 409.95	2.279
	西藏	54.76	16 195.56	4 904.28	
	新疆	720.43	15 513.62	5 442.15	1.631
	陕西	1 500.18	18 245.23	5 027.87	0.846
	广西	947.72	18 854.06	5 231.33	0.800
总计		52 547.11	21 809.78	6 977.29	

资料来源：根据《中国统计年鉴2012》统计数据整理，中国统计出版社，2013年。

需要特别指出的是，东部的工业增加值利润率与全国水平基本持平，其中江苏、福建、广东、辽宁和广西都低于全国平均水平，这在一定程度上与东部具有优势的经济总量形成反差，从一个侧面反映了东部应加快提高经济附加值率，优化发展，推动经济增长方式的转变。

（二）原因

关于东中西部经济差距形成的原因可能是学术界探讨最多的话题，也是国家和政府关注最多的问题。目前有几点原因是公认的：① 国家政策的偏向和资金扶持力度的区域差异；② 由内陆向沿海转移的国际发展总趋势；③ 历史因素；④ 地理差异和资源分布的差异。

三、东部、中部、西部之间的协调发展

鉴于东部、中部、西部之间的巨大差异所带来的负面影响，为实现区域之间的协调发展，我国政府有目的地展开"西部大开发"等战略。但有学者认为，现阶段我国区域协调发展面临着以下困境：发展目标一致性与各个区域约束条件差异性；国家目标与地区目标差异性；整体发展与区域协调发展战略选择差异性；发展战略多元化从而导致发展重点模糊性。[1]

因此，如何实现区域的协调发展，成为各级政府和相关研究者立论的目标。有学者认为区域发展格局称得上协调发展，应满足三个条件：一是提高效率的要求。即区域发展格局有利于优化资源的空间配置，提高资源配置效率，有利于发挥各地区的资源优势，形成各具特色、功能互补的区域分工格局。二是平衡发展要求。即区域发展格局有利于促进欠发达地区的发展，有利于逐步缩小地区发展差距和福利差距。三是环境友好要求。即区域发展格局有利于实现对资源、环境和生态的保护。实现人与自然的和谐，促进可持续发展。[2]

不管怎样，我们必须承认以下两点：一是区域发展不平衡是我国的一个基本国情；二是促进区域协调发展，一直都是我国国民经济和社会发展整体战略的重要组成部分，也是新世纪、新阶段实现我国国民经济又好又快发展的重要内容和基本保障。因此，通过对东部、中部、西部现状和现存问题的分析，我们提出以下几点对策。

（一）进一步调整和优化产业结构

从上面的分析可以看出三个地区的产业结构差异很大。东部地区应在原有的发展基础上加快高技术无污染的高技术产业，以及旅游业等第三产业的发展。内陆地区应当利用自有的资源优势，大力发展生态农业、都市观光农业等特色农业，大办农副土特产品加工

---

① 严汉平、白永秀：《我国区域协调发展的困境和路径》，《经济学家》，2007 年第 5 期。
② 张军扩：《中国的区域政策和区域发展：回顾与前瞻》，《理论前沿》，2008 年第 14 期。

业、旅游产品加工业、生物宝库、矿藏资源开发及深加工企业，走特色产业集群发展道路；拓宽招商引资与嫁接、联姻、协作领域，真正地把国家倾斜政策用足用好。农业资源的开发和农业产业的强化，将会成为中西部地区经济发展的基础。同时，陕甘蒙地区煤炭、石油及天然气的开发，新疆南疆油田的开发，长江三峡工程和长江产业带的建设，都会带动和促进中西部地区经济的发展，大大增强中西部地区的经济实力。

（二）大力发展教育事业，提高中西部劳动力的素质

社会发展取决于人口和劳动力素质的高低，而劳动力素质的提高有赖于教育。因此，大力发展教育事业，培养造就有文化、有知识、有技能的高素质的劳动力，是制定和实施中西部地区社会发展战略不可忽视的重要环节。中西部地区的教育相对来说还是比较落后的，从而使中部、西部农村劳动力文化水平明显低于东部沿海地区的状况更趋严重。正是如此，教育特别是人的素质、观念、信息、知识等方面的差距是中、西部经济迟迟难以迅速腾飞的重要因素之一。为此，各级政府对中、西部的扶持，应在农民及其子女的各种教育和培训、教育设施的投资建设以及高素质人才的引入等方面给予更多投入。

（三）加强东部、中部、西部地区的联动与协作

我国的自然、经济和人力等资源分布极不平衡。东部沿海地区经济发达，技术先进，资金雄厚，人才荟萃，但自然资源短缺。中西部地区地大物博，自然资源极为丰富，但经济落后，资金不足，人才缺乏。所以中西部地区要适应市场经济的要求，加快改革开放步伐，充分发挥资源优势，积极发展优势产业和产品，使资源优势逐步转变为经济优势。东部地区要继续充分利用有利条件，在深化改革、转变经济增长方式、提高经济效益方面迈出更大的步伐，通过进一步发挥经济特区、沿海开放城市和开放地带在改革与发展中的示范、辐射、带动作用。同时，东部地区要加大对中西部地区的支持力度，通过输出资本、技术、信息、人才等多种方式帮助中西部欠发达地区和少数民族地区发展经济，以此促进东西部联动和协调发展，逐步实现区域共同富裕。

事实上，区域协调发展主要是缩小区域之间的差距。完全实现区域之间的均衡发展既是不现实的，也是不可能的。因此，东中西部之间的协调发展更需要人为的干预，而不能完全按照市场的自由竞争原则。政府的角色，尤其是中央政府的角色在实现区域协调发展上具有举足轻重的地位。

第七章 海洋开发与海洋环境保护

所有沿海区域的经济社会发展对海洋的依赖是不言而喻的。在当今全球粮食、资源、能源供应紧张与人口迅速增长的矛盾日益突出的情况下，开发利用海洋已是人类社会发展的必然趋势。在最近的几十年里，人们已经把经济增长的更大契机转移到海洋的开发过程中，对于海洋的开发利用已经成为沿海各国现阶段以及将来关注的重点。科学技术的不断进步和沿海交通通信的发达，使得开发利用海洋资源变得越来越容易。然而，我们不能忽视海洋的开发利用对海洋环境造成的影响与破坏。由于人们在开发利用海洋资源时没有顾及海洋环境的承受能力，对海洋资源无序、无度、无偿的开发和利用，严重破坏了海洋生态平衡，对海洋环境造成严重污染。正如人们所知，海洋生态环境一旦破坏，将很难恢复和改善。海洋环境作为全球最大的地理环境区域，是全球环境的重要组成部分，全球环境的变化无不影响或表现在海洋上，其中有一些还是以海洋为主体产生的。作为四大生物圈之一，海洋的变化同样会对其他三个生物圈产生影响。

因此，在开发利用海洋资源的同时，要注意保护海洋环境。21 世纪，我国要高举科学发展观的伟大旗帜，重视保护海洋生态环境与资源，以便使海洋资源能够永续利用。然而，保护海洋生态环境与资源，在某种程度上是与不断扩大的海洋开发规模和日渐提高的海洋开发水平相矛盾的，因此，需要有恰当的政策加以协调。由于海洋的污染源最主要是来自企业的污水排放和有害物质的倾倒及溢油事故等，因此，企业有着不可推卸的责任。同时，对海洋环境的治理最根本的是唤起公众的环保意识，对海洋环境的保护最终要落实到每一位公民身上，只有这样才能从根本上解决海洋环境污染的问题。总之，要在政府、企业、个人三者统一协调作用下，正确处理好开发与保护的关系，以便较好地提高我国海洋开发的经济效益、社会效益和环境效益。

第一节 我国海洋环境问题概况

20 世纪 70 年代以前，中国近岸环境总体未受污染。70 年代末至 90 年代初，随着沿海经济建设速度的逐步加快和海洋开发活动的日益频繁，海洋环境污染问题日渐凸显，海洋生态破坏加剧。至 20 世纪末，已有 20 万平方千米的近岸和近海海域受到污染，其中约 4 万平方千米海域的水质污染较重。海洋沉积物和海洋生物质量均受到不同程度影响，生物多样性降低。进入 21 世纪以来，中国海域环境污染形势依然严峻。近岸海域部分贝类受到污染，大面积赤潮多发，近岸海域海洋生态系统恶化的趋势尚未得到缓解。

一、海洋环境问题的内涵

所谓海洋环境问题是指人们在开发利用海洋的过程中，没有同时顾及海洋环境的承受能力，使海洋环境，尤其是河口、港湾和海岸带区域受到了人为污染物的冲击所造成的各种环境污染和生态破坏的现象。学术界对于海洋环境问题的分类标准不一，本书主要参照"生态环境"问题①的分类方法，将海洋环境问题大致分为海洋环境污染与海洋生态破坏两大类。

（一）海洋环境污染

所谓海洋环境污染是指人类直接或间接地把物质或能量引入海洋环境（包括河口），因而造成影响损害海洋生物资源、危害人类健康、妨碍捕鱼等海洋活动、破坏海水的正常使用和降低海洋环境优美程度等有害影响。海洋污染的最直接表现就是海水质量的下降，其最具代表性的指标就是赤潮的发生及其发生次数的增加、发生面积的扩大、造成损失的上升。国家海洋局历年公布的《中国海洋灾害公报》显示，改革开放以来我国四大海域均发生过赤潮，而且赤潮的次数呈上升的趋势，持续的时间越来越长、发生的面积越来越大、所造成的损失也越来越大。

（二）海洋生态破坏

海洋生态是个有机的系统，对于这个系统来说，生物群落如相互联系的动物植物、微生物等是其中的生物成分，而非生物成分即是海洋环境：阳光、空气、海水、无机盐等。这个海洋环境又可划分为大小不一的范围，小至一块岩礁，一丛海草；大到一个海湾，甚至整个海洋。这些生态系统规模和范围虽然大小不一，但都有相似的结构和功能，即有物质的循环，有能量的流动。海洋生态系统的物质循环和能量流动都是一个动态的过程，在无外界干扰的情况下，就会达到一个动态平衡状态，而过度的开采与捕捞海洋生物，就会导致一个环节生物量的减少，这也必然导致下一个相连环节生物数量的减少。

因此，海洋生态破坏就是指由人类不合理地开发、利用海洋资源和兴建工程项目而引起的海洋生态环境的退化及由此衍生的有关环境效应，从而对人类的生存环境产生不利影响的现象。如生物多样性减少等。

二、我国海洋环境问题现状

（一）海洋环境污染状况

随着社会经济的发展和沿海地区人口的增加，我国各海域都受到了不同程度的污染。

---

① 生态环境问题分为两类：一类是原生环境问题（第一类环境问题）由自然力而引发的环境问题，例如，地震、火山喷发、干旱、洪涝灾害、台风等所带来的环境的异常变化；另一类是次生环境问题（第二类环境问题）主要是由人类活动引起的问题，又分为生态破坏和环境污染。生态资源破坏：人类不合理地开发和利用自然资源所致，环境影响长远而不可逆转。环境污染：人类活动使得有害物质或因子进入环境当中，通过扩散、迁移和转化的过程，使整个环境系统的结构和功能发生了不利于人类和其他生物生存和发展的现象。

20 世纪 70 年代以来，尤其是 80 年代以来，我国海洋环境总体质量持续恶化，污染损害事件频繁发生。概括起来，我国海域污染主要有海水污染、海洋生物污染、海底沉积污染三类，其中又以海水污染和海洋生物污染最为突出，因此下面主要对我国近年来这两类海洋污染状况加以叙述。

1. 海水环境污染

海水是海洋环境的主体，也是大多数海洋生物的栖息场所，通过不同途径入海的污染物首先进入海水，并在其中扩散，污染海洋生物和海底沉淀物，进而影响人体。近年来，我国各海域海水都受到不同程度的污染，但都表现出一些相同的现象。

（1）营养盐污染

海水中氮、磷等营养盐是海洋生物生长、繁殖所需的物质，但过量排入将导致海水"富营养化"，甚至引发"赤潮"，危害生态平衡，破坏生物资源，损害渔业生产。严重时，影响人体健康。20 世纪 80 年代以来，我国近海水质营养盐污染逐年加重。[①]

20 世纪 70 年代在我国仅发现 9 次赤潮，80 年代 75 次，90 年代猛增到 228 次，2000—2006 年不到 10 年的时间里发生赤潮次数是 554 次，其中，2003 年一年内就发生119 次赤潮，相当于 90 年代发生赤潮总数的一半（表 7 -1）。同时，随着赤潮发生次数的增加，其面积也不断扩大（表 7 -2）。

表 7 -1　1989—2012 年我国海域发生赤潮次数

年份	次数	年份	次数	年份	次数	年份	次数
1989	8	1995	15	2001	77	2007	82
1990	34	1996	14	2002	79	2008	68
1991	38	1997	8	2003	119	2009	68
1992	50	1998	22	2004	96	2010	69
1993	19	1999	16	2005	82	2012	73
1994	12	2000	28	2006	93		

表 7 -2　2000—2012 年我国赤潮面积　　　　　　　　　　单位：平方千米

年份	2000	2002	2004	2006	2008	2010	2012
面积	10 650	10 000	26 630	19 840	13 738	10 892	7 971

资料来源：国家海洋局历年《中国海洋灾害公报》，国家海洋局官方网站。

大量研究表明，海域营养盐污染或富营养化是赤潮频繁发生的最重要原因，而营养盐

---

① 黄良民：《中国海洋资源与可持续发展》，《中国可持续发展总纲》第 8 卷，科学出版社，2007 年，第 250 页。

污染或富营养化的发生又是由城市工业废水和生活污水大量排海造成的。赤潮的频繁发生反映出人类对海水的污染程度。

（2）油污染

油类，主要是原油、各种燃料油、润滑油以及动植物油脂，是世界海洋中最普遍存在的污染物之一，也是海洋污染防治最早的关注对象。20世纪70年代初到80年代初，我国海洋油污染严重。近年来虽有减轻趋势，但局部海域污染仍较突出。我国近年来的油污染主要是由各种溢油漏油事故造成的。

据国家海洋局相关领导介绍，海洋溢油是中国近海经常发生的重要环境灾害之一。主要是由于运油货轮相撞导致原油泄露，形成一定面积的原油覆盖区，不仅对海水造成污染，更容易使水下生物由于缺氧窒息而死亡，进一步还会引发赤潮灾害。随着远洋货轮技术的不断进步，大吨位的货轮越来越多，一旦发生相撞或泄露事件，就可能导致溢油灾难，对海洋造成严重的污染和生态的破坏。表7-3为2000—2006年我国海上油气田排放量。

表7-3 2000—2006年我国海上油气田排放量

年份	2000	2001	2002	2003	2004	2005	2006
海上油气田含油污水排放量（万吨）	4 648	5 094	6 769	7 619	6 929	9 036	10 526
海上油气田入海油量（吨）	1 358	1 445	1 068	3 434	—	—	—

资料来源：国家海洋局历年的《中国海洋环境质量公报》，国家海洋局网站。

我国经济正处于快速发展的进程中，对石油的需求量急剧上升。自1993年我国从石油出口国转变为石油净进口国以来，石油的进口量不断上升，而石油主要通过海上运输，随着海上石油运输量的增加，抵达我国沿海港口的大型油轮越来越多，发生船舶重大油污事故的概率日益增加。加之海洋石油勘探开发的发展，我国海洋溢油事故的潜在危险日益增大，海上溢油事故频繁，平均每年发生约500起。1976—2006年我国沿海平均每4天发生1起溢油事故。其中，溢油量在50吨以上的溢油事故60多起。90年代颇为严重，每一年都有数十起，1993年竟超过百起。1980—1997年，发现具有一定规模的溢油事件118起，其中外轮造成24起，国轮58起，无主油污染36起。进入21世纪，溢油事件有所减少，2000—2006年，平均每年发生8~9起。[①] 但是2010年大连新港"7·16"油污染事件、2011年"蓬莱19-3"油田溢油事故、2013年青岛东黄输油管线爆燃事故都给海洋环境及海洋经济带来了灾难性后果，同时船舶溢油事故已成为重大的环境污染问题。

---

① 向友权：《我国海洋环境保护面临的问题与对策》，《中国科技论坛》，1998年第5期。

2. 海洋生物污染

海洋生物是海水环境和沉积环境污染的直接"受害者",海洋中大多数有害物质能通过食物链传递并在生物体内累积、残留,并通过鱼、贝类对人体产生危害。[1]

在近海捕捞业发展受到限制的情况下,积极发展海水养殖业无疑是振兴海洋渔业的一条重要途径。但同时,海水养殖也是重要的污染源,大量的残饵等污染物进入水体和底质环境后,促使病毒、病菌繁殖。养殖过程中,鱼类的排泄物和新陈代谢所产生的分泌物,以及普遍使用的抗生素、石灰等药物和化学消毒剂都将通过潮汐的作用进入海域环境,由此可能引起近海水质和底质的恶化,破坏潮间带生物的生境,进而影响和改变原有的生态平衡。20 世纪 80 年代以来,山东沿海对虾养殖异军突起,但由于缺乏合理布局规划,导致养殖面积增长过快,不仅造成养虾自身的污染,而且也污染了周围海域。一方面,海水养殖的生产过程需要清洁、未污染的水质;另一方面,随着近年来养殖产业规模不断扩大,养殖方式由粗犷型向集约化发展,养殖自身污染问题逐渐显露并日益突出。养殖区残存的饵料、排泄的废物、施用的化肥等直接影响水体,导致海水富营养化,这是诱发局部海域赤潮的原因之一。其次,在养殖过程中,为了预防养殖疾病、保持养殖环境卫生而大量使用化学药品和生物制剂,这些含有不同毒性的药物制剂也是直接影响海洋环境的重要因素。另外,由于养殖布局严重不合理,养殖技术落后,管理水平低,导致了海水养殖大面积的绝产、减产,水资源浪费严重。对海域资源的超负荷利用及海产养殖和滩涂养殖废水直接排入海洋,导致水体交换能力下降,水体中有机物积累,营养盐异常补充。

(二) 海洋生态破坏状况

21 世纪是人类开发利用海洋的世纪,海洋经济是当今及未来经济的重要增长点。为此,各国都向海洋发起了强烈的攻势,我国也不例外。虽然海洋开发在很大程度上促进了经济社会发展,但另一方面,也打破了海洋原本的生态系统,造成海洋生态严重破坏。近年来我国海洋生态破坏主要表现在以下方面[2]。

1. 红树林生境的破坏

我国的红树林主要分布在广西、海南、广东和福建沿岸。20 世纪 50 年代全国红树林面积约 5.5 万公顷。至 2002 年,红树林面积已不足 1.5 万公顷,减少了 73%,广东、海南和广西红树林分布面积分别减少 82%、52% 和 43%。

2. 海洋珍稀濒危物种的减少

我国珍稀濒危海洋生物物种正在日趋减少,每年有大量的东方鲎和海龟遭到捕杀;中华白海豚近年来数量骤减,已成为濒危物种;斑海豹、库氏砗磲、宽吻海豚、江豚、克氏海马、黄唇鱼等国家保护动物也遭到人类过度捕捞。

---

[1] 黄良民:《中国海洋资源与可持续发展》,《中国可持续发展总纲》第 8 卷,科学出版社,2007 年,第 256 页。
[2] 数据来源于国家海洋局《2002 年中国海洋环境质量公报》。

3. 海草床生境的消失

我国沿海从南到北都有海草资源分布，海草床是浅海水域初级生产力最高的生物栖息地之一。目前，我国海草床生态系统正受到人类活动的严重威胁，例如，海南岛龙湾非常适合海草生长，但近几年对虾养殖业的发展，导致该海域海菖蒲、泰莱草叶面上的沉积物层加厚，光合作用能力降低，整片海草床呈现老化和退化趋势。

4. 珊瑚礁生境的丧失

我国珊瑚礁种类约 200 多种，主要分布在海南、广西、广东和福建等沿海。由于大量开采珊瑚礁，近岸海域珊瑚礁生态系统受到严重破坏。这些地区保护区的建立遏制了珊瑚礁的人为破坏，并呈现出逐步恢复的趋势，但其他区域珊瑚礁生态系统人为破坏仍在继续，珊瑚礁分布面积已经减少 80%。

5. 外来物种的入侵

由于海水养殖引种和水族馆饲养业大规模发展、鲜活水产品广泛流动及远洋运输船舶压舱水排放等原因，导致海洋外来物种的广泛传播，有的已产生入侵危害，造成当地物种消失严重，生态结构失衡。至 2002 年，我国已从国外引进鱼、虾、贝类等海洋经济生物 26 种，盐碱地栽培植物 2 种。某些外来生物入侵已对局部区域造成严重破坏，如大米草肆虐福建沿海，已占据了闽东 100 平方千米的滩涂，破坏了当地红树林生境，引起生物多样性降低，目前已侵犯到渤海黄河三角洲地区。同时，外来物种的生物杂交有可能造成遗传污染或带入多种病原生物，对现有的海洋生态系统构成威胁。

6. 越来越严重的海岸侵蚀[①]

我国海岸侵蚀也非常严重，主要是受沿岸挖沙及采礁、水库拦沙、河流人工改道等人为活动的影响。1999 年我国沿岸局部地区海岸侵蚀十分严重。特别是在采砂严重的海岸，近 2~3 年内海水向陆地侵蚀 100 多米，侵蚀最严重的地方达 200~300 米。山东省日照市东潘一带海岸，年均后退约 7.5 米。江苏省废黄河口一带海岸，仍以每年 2.3 米的速度后退。辽东半岛西岸及河北的北戴河至山海关一带海岸也在缓慢后退。海南省文昌市由于近岸珊瑚礁被大量采挖，部分海岸已向陆一侧后退 230 米，年均岸线侵蚀后退 20 米。

截至 2003 年，70% 左右的沙岸和大部分开敞式淤泥岸遭受侵蚀，沙质海岸侵蚀岸线已逾 2 500 千米。其中，营口市盖州至鲅鱼圈岸段约 20.9 千米的砂质岸段受蚀后退，导致道路遭到破坏，农田和防护林受到严重威胁；龙口市至烟台市岸段从 1996 年到 2003 年，侵蚀长度为 28.8 千米，侵蚀面积为 31 平方千米，导致该岸段部分海滨浴场和渔港遭到严重破坏，沿岸农田和居民区受到威胁；江苏省滨海县岸段 2003 年侵蚀长度为 29.1 千米，造成 6.4 千米海堤被损坏，沿岸滩涂养殖受到威胁；海南省海口市新海乡新海村岸段 1998—2002 年间，新海乡局部岸段侵蚀后退约 80 米，岸边的木麻黄树林被侵蚀后消失殆

---

① 数据来源于国家海洋局《2006 年中国海平面公报》。

尽，新海村沿海部分房子坍塌。如图7-1，1980—2012年，中国沿海海平面上升速率为2.9毫米/年，2012年海平面为1980年以来的最高位。

海岸侵蚀和港湾河口淤积造成的危害虽然是缓慢性的，但是它能造成沿岸村镇和工厂坍塌、道路中断、海水浴场环境恶化、海岸防护林被海水吞噬、岸防工程被冲毁、海洋鱼类的产卵场和索饵场遭破坏、盐田和农田被淹没等严重后果，严重影响沿岸人民的生产和生活。

7. 迅猛发展的海岸工程建设

随着土地资源紧张的问题日益严重，东部沿海地区由于地少人稠、经济发展快，这一问题尤为突出。沿海地区围海造田就成为了地方政府增加土地面积的重要选择。据统计，"十五"期间，我国平均每年填海面积达300平方千米，并且呈逐年递增之势。围海是一项利弊共存的海洋开发手段。围海造地如不进行科学论证和全面规划，会对有关海域的水文、地貌和海洋生态造成严重的负面影响，甚至对海洋环境造成毁灭性破坏。首先，围海造地极可能造成海洋生物生态环境改变，从而造成生物多样性下降；其次，围海造地使得海洋潮差变小，导致潮汐的冲刷能力降低，海水的自净能力也随之减弱，从而造成水质恶化；再次，围海造田往往会造成泥沙淤积，港湾萎缩、航运阻塞，从而给港湾的航运带来极大的不利影响。

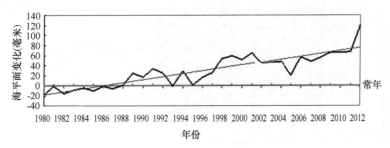

图7-1　1980—2012年中国沿海海平面变化状况

资料来源：国家海洋局历年《中国海平面公报》，国家海洋局网站

大规模海岸工程建设热潮，使沿海自然滩涂湿地总面积缩减了约一半。对湿地的开发，致使海滨生态环境恶化。沿海滩涂湿地在我国所有的湿地类型中遭受的破坏最为严重。据不完全统计，我国沿海地区累计已丧失滨海滩涂湿地面积约119万公顷，另外城乡工矿占用湿地约100万公顷，两项之和相当于沿海湿地总面积的50%。对沿海滩涂的破坏面积仍呈逐年上升趋势。我国沿岸大于10平方千米的海湾有160个。许多海湾已建有大、中型港口，小型海湾普遍为天然渔港。但是，在大城市毗邻的海湾，由于填海建港、填海造地，岸线缩短、湾体缩小、人工海岸比例增高、浅滩消失，海岸自然程度降低。其后果是滩涂湿地的自然景观遭到了严重破坏，重要经济鱼、虾、蟹、贝类生物繁衍场所消失，许多珍稀濒危野生动植物绝迹，而且大大降低了滩涂湿地调节气候、储水分洪、抵御风暴

潮及护岸保田等能力。

随着我国沿海特大型城市发展迅猛,大型建筑物密集和地下水过量开采,加剧了地面沉降,导致当地海平面相对上升。海平面的变化加剧了风暴潮灾害,加大了洪涝威胁,减弱了港口功能,并且引发了海水入侵、土壤盐渍化、海岸侵蚀等问题,造成了沿海湿地的损失和动物的迁徙,使按原设计标准建设的沿海城市市政排污工程的排污能力降低,对环境和人类活动构成直接威胁,严重影响了沿海经济的发展。

8. 饱和并趋向衰退的捕捞业

由于多年以来的盲目增船,捕捞强度的加大,加剧了近海资源的衰退,严重破坏了海洋生物资源。渔具结构和量的变化,捕捞效率的提高,使得我国海洋捕捞量每年都保持较高水平(图7-2),许多资源已基本消失。由于近海捕捞强度过大,近海渔业资源再生量低于捕捞量,破坏了渔业资源的自然生产能力,引起渔业资源及种群生态恶化。以山东近海海域为例,自20世纪70年代中期以来,山东近海渔业资源由于捕捞过度和海水污染,多种渔业资源严重衰退,作为传统生产对象的底层鱼类衰退更为严重,甚至形不成渔场和渔汛。

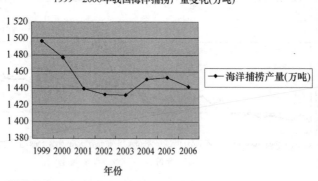

图7-2 我国海洋捕捞产量变化

资料来源:数据来源于历年《中国渔业统计年鉴》、《中国海洋统计年鉴》

综上所述,随着21世纪的到来,人类向海洋进军的步伐加快,海洋经济在国民经济中的地位将会越来越重要。但是海洋经济的发展必然要依靠海洋开发,而开发利用海洋又会导致对海洋环境造成某种程度上的破坏,这是一对难以调和的矛盾。众所周知,海洋对于环境污染有一定的承受能力,在这个承受能力之内,海洋可被视为天然的"垃圾处理站",因为海洋自身就具有净化的功能,在一定限度内的海洋开发活动不会破坏海洋生态平衡。但是当海洋开发活动超过了一定的限度,或者由于人类开发行为的不规范,海洋环境污染超过一定的阈值,生态平衡被打破,海洋环境就会退化。严重的情况下,将会需要很长的时间才能使它恢复,甚至永远无法恢复。

第二节　海洋环境问题的归因

近年来越来越严重的海洋环境问题，既有其自然原因也有人为破坏等社会原因。从环境社会学和发展社会学的视角，本节主要对造成海洋环境问题的社会原因加以详细分析。因为，本书坚持的一个基本观点是：环境问题是人类不良行为的客观结果。而人类的行为选择主要是受其所在的社会环境影响的。[①]

一、海洋环境污染的污染源分析

上述各类海洋环境污染现象有其共同的污染源，污染源产生的原因也就是海洋环境污染产生的主要社会原因。陆源污染、海源污染和气源污染，构成海洋的三大污染源。就海水水体污染而言，陆源和海源是最主要的，也是最明显的污染源。本部分将主要介绍这两种污染源并简要概括其产生的原因。

（一）陆源污染是海洋环境污染的主要源头

陆源污染是指陆地上产生的污染物进入海洋后对海洋环境造成的污染及其他危害。其中大部分污染物质主要是由沿海地区的工业化和城市化造成的。与其他两类污染源相比，陆源污染物质种类最广、数量最多，对海洋环境的影响最大。陆源污染物对封闭和半封闭海区的影响尤为严重。陆源污染物可以通过临海企事业单位的直接入海排污管道或沟渠、入海河流等途径进入海洋。沿海农田施用化学农药，在岸滩弃置、堆放垃圾和废弃物，也可以对环境造成污染损害。《2012 年中国海洋环境质量公报》显示，在国家海洋局监测区域内的海滩垃圾主要为塑料袋、聚苯乙烯泡沫塑料碎片和玻璃碎片等。平均个数为 72 581 个/千米^2，平均密度为 2 494 千克/千米^2。塑料类垃圾数量最多，占 59%，其次为木制品和聚苯乙烯泡沫塑料类，分别占 12% 和 10%。94% 的海滩垃圾来源于陆地，6% 来源于海上活动。

由于蔚蓝色的海洋受到严重污染，造成了惊人的危害，比如广东"六大渔汛消失"，等等。尤其是入海排污口的临近海域的环境质量普遍恶劣（见表 7 - 4），如天津港口区的 3 条污染河流，直接排入渤海湾，给大港区农业和渔业生产带来巨大损失，沿河两岸生态遭到严重破坏。

[①]　崔凤、唐国建：《技术与政策在环境问题中的综合分析》，《中国海洋大学学报》（社会科学版），2005 年第 1 期。

表 7 - 4 2007 年沿海部分入海排污口邻近海域生态环境质量等级

排污口名称及所在地	海洋功能区类型	要求水质类别	实际水质类别	生态环境质量等级
天津北塘口	航道区	三类	劣四类	差
山东沙头河入海口	增殖区	二类	四类	差
山东套尔河入海口	养殖区	二类	四类	差
山东弥河入海口	养殖区	二类	劣四类	极差
山东虞河入海口	养殖区	二类	劣四类	极差
江苏临洪河入海口	养殖区	二类	四类	极差
江苏灌云化工园区排污口	养殖区	二类	劣四类	极差
江苏滨海化工园区排污口	养殖区	二类	劣四类	极差
江苏王港排污区排污口	养殖区	二类	劣四类	极差
江苏如东洋口化工园区排污口	养殖区	二类	劣四类	极差
浙江余姚黄家埠排污口	保留区	四类	劣四类	极差
浙江展茅镇污水处理厂排污口	盐田区	二类	四类	差
浙江象山东方印染、新光漂染排污口	养殖区	二类	劣四类	极差
浙江乐清磐石化工排污口	航道区	三类	劣四类	差
浙江平阳县昆鳌污水处理厂排污口	养殖区	二类	劣四类	极差
浙江温州工业园区排污口	航道区	三类	劣四类	差
福建长乐市金峰陈塘港排污口	海洋自然保护区	一类	劣四类	极差
福建莆田市城市污水处理厂排污口	航道区	三类	劣四类	差
福建莆田涵江牙口排污口	航道区	三类	劣四类	差
福建晋江、石狮 11 孔桥排污口	养殖区	二类	劣四类	极差
福建龙海市东园工业区排污口	航道区	三类	劣四类	差
广东黄埔排污口	养殖区	二类	劣四类	极差
广东淡澳河入海口	养殖区	二类	劣四类	极差
广西钦州市城镇生活污水排污口	养殖区	二类	四类	差
广西金银鹰纸业有限公司排污口	养殖区	二类	四类	差
海南龙昆沟排污口	风景旅游区	三类	四类	差

资料来源：国家海洋局：《中国海洋环境质量公报》（2007 年），国家海洋局网站。

　　生活污水和工业污水是"陆源"污染的祸首。每年国家海洋监测中心都会对全国各个主要陆源入海排污口进行监测，其检测的结果是大多数排污口都是超标排放（见表7-5）。

142

绝大部分排污口邻近海域环境污染严重，海水质量大都为四类或劣四类，影响了邻近的水产养殖区和旅游区；海洋沉积物污染严重，近40%的排污口海域沉积物质量低于三类海洋沉积物质量标准。尤其令人触目惊心的是，由于这些"陆源"污染，致使排污口附近海底栖生物度低，种类少，数量小，生物多样性低，甚至多个排污口的邻近海域出现无生物区。从20世纪70年代末到近期，海洋的污染90%以上来自陆地，尤其是沿岸，主要是大江、大河，和一些小河流域，还有一些造纸、皮草、染料，以及农药厂、化肥厂，这些污水直接或间接地流入大海。在70年代以前，工业污水的总量大。70年代后期至今随着居民生活水平的提高，生活污水已达陆源污染的55%，而且，随着大批人口不断涌入城市，生活污水还会大量增加。

表7-5 2005—2007年各省(自治区、直辖市)入海排污口超标排放情况统计

统计量	2005 年			2006 年			2007 年		
	监测的排污口数量（个）	超标的排污口数量（个）	超标排污口所占比例（%）	监测的排污口数量（个）	超标的排污口数量（个）	超标排污口所占比例（%）	监测的排污口数量（个）	超标的排污口数量（个）	超标排污口所占比例（%）
辽宁	83	54	65.1	84	63	75.0	77	58	75.3
河北	32	31	96.9	33	29	87.9	31	27	87.1
天津	15	14	93.3	15	13	86.7	14	13	92.9
山东	78	75	96.2	104	99	95.2	106	99	93.4
江苏	52	45	86.5	62	40	64.5	57	56	98.2
上海	18	16	88.9	19	19	100.0	18	15	83.3
浙江	36	34	94.4	34	28	82.4	31	30	96.8
福建	35	30	85.7	80	58	73.8	72	54	75.0
广东	76	65	85.5	112	84	75.0	102	90	88.2
广西	36	35	96.2	36	36	100.0	35	35	100.0
海南	46	27	58.7	30	26	86.7	30	25	83.3
合计	507	426	84.0	609	496	81.4	573	502	87.6

资料来源：国家海洋局：《中国海洋环境质量公报》(2005年、2006年、2007年)，国家海洋局网站。

　　除了生活污水、工业污水造成陆源污染以外，面源污染排放也比较突出。这主要是农业在生产过程中，因为农药、化肥的施用，植物至多只能吸收30%～40%，其他的都残留在土壤里，下雨后，这些残留的农药、化肥，就随着雨水流进海里。这也是世界性难题。

（二）海源污染正在日益严重

随着海洋开发活动的日益增加，海源污染问题也变得越来越严峻。在传统上，以捕捞为主的海洋渔业和以人力为主的海洋运输业对海洋的污染和对海洋生态的破坏是极其有限的，是海洋所能承受的。但日益工业化的现代海洋产业却是高污染的。例如，海洋运输业，已经承担着全国90%以上的对外贸易的运输量，对我国经济发展举足轻重，却带来了严重的污染问题：一是运输船舶自身会向海洋排入大量的废水和废物；二是每年都会发生一些严重的事故对海洋带来污染。2005 年我国沿海共发生各类船舶污染事故 115 起，其中50 吨以上的油类和化学品事故 3 起。再如 2012 年 3 月 13 日，在广东汕尾碣石湾海域，载有 7 000 吨浓硫酸及 140 吨剩余燃油的韩国籍 "雅典娜" 号化学品船沉没。应急监测结果表明，事故海域海水 pH 值未发现明显异常，但 3 月中旬至 5 月中旬海面间断出现薄油膜，海水中石油类含量最高达 1.23 毫克/升，超一类、二类海水水质标准值 23.6 倍，海水环境受到石油类污染状况严重。[1] 另外，海水养殖、海洋石油钻探、海洋矿产采探以及其他的海洋工程项目，甚至是海洋旅游业都会对海洋产生污染。

二、海洋环境污染产生的原因

关于海洋污染产生的原因，尤其是陆源污染产生的原因受到社会的普遍关注。学术界对此有过许多相关性研究。其研究结论与其学科的基本视角是紧密相关的，如经济学的研究主要关注的是治理成本、污染损失、企业与政府间的博弈等方面来探讨的；政治学的研究则更多的是探讨环保政策在执行中的效果、问题和解决对策。鉴于各种观点之间的差异，笔者在此简要地从环境社会学和发展社会学的视角，在概括前人的研究基础上，提出以下几点分析。

（一）陆源污染产生的主要原因

国内外关于陆源污染有两个比较明确的定义。国内官方的定义："陆地污染源（简称陆源），是指从陆地向海域排放污染物，造成或者可能造成海洋环境污染损害的场所、设施等。"[2] 国际上，1974 年在巴黎签署的《防治陆源污染海洋公约》中，对 "陆源污染" 的定义为：①通过水道；②来自海岸——包括由水下或管道；③位于现行协定所适应的地区内，隶属于缔约国管辖权的所有人造建筑等给海洋带来的污染，都是陆源污染。[3]

概括上述这两个定义，笔者认为，陆源污染的内涵至少包括以下 4 点：①性质：水质问题。无论哪一种形式的水污染，从其本质上来说都是水质问题；②原因：人为造成。几乎所有的环境污染都是人为造成的，所以这一内涵对于环境污染具有通用性；③关系：陆

---

① 《2012 年中国海洋环境质量公报》，中国海洋信息网。

② 国务院法制局编：《中华人民共和国法规汇编》（1990 年），中国法制出版社出版，1991 年，第 505 页。

③ 韩德培、肖隆安：《环境法知识大全》，中国环境科学出版社，1990 年，第 246 - 247 页。

地对海洋。源头在陆地，在陆地形成污染后排放到海域，但最终又危害到陆地上的生命；④影响：污染及损害。陆地向海域排放的污染物，具有造成或者可能造成海洋环境污染和损害的能力。总结以上4个方面的内涵，所谓的陆源污染，就是陆地向海洋排放人为污染物并造成海洋环境污染和损害的水质问题。

因此，陆源污染的社会原因无外乎以下几个：①企业生产的外部性，即陆地企业为追求其经济利益，而将环境治理成本转嫁到所有人头上。因为海洋环境治理只能是由国家代表所有的国民承担责任；②地方政府的失职行为，即各个流域内的地方政府及其政府之间为了追求本地的经济发展，未能切实地执行相关的环境保护政策。实质上也就是人们普遍认可的经济增长方式的问题，以及以 GDP 为政绩衡量指标的结果；③与环境相关的管理部门、执法部门的执法不力，应该是造成水污染的重要原因；④缺乏民众的有力监督。民众的监督是企业重视生产污染和政府规范执法的重要保障。

具体到我国近海海域的陆源污染问题，主要有以下几个具体的原因。

1. 排污口设置不合理和管理不到位

2007 年，全国实施监测的入海排污口 573 个，其中，渤海沿岸 100 个、黄海沿岸 185 个、东海沿岸 118 个、南海沿岸 170 个，分别占总数的 17.4%、32.3%、20.6% 和 29.7%，与 2006 年的分布状况基本一致。上述排污口中，工业和市政排污口占 70.3%，排污河和其他排污口占 29.7%。设置在海水增养殖区的排污口占 32.8%，旅游区（度假和风景旅游区）的占 11.5%，海洋自然保护区的占 1.2%，港口航运区的占 33.5%，排污区的占 7.5%，其他海洋功能区的占 13.5%，排污口设置不合理的现象依然存在。

2. 我国沿海城镇的污水处理率较低

污水处理率约为 24%，大量未经有效处理的污水被排放入海，从而导致近年来陆源污染物年入海量以 5% 的速度持续递增。[①] 人们生活和生产中产生的废水约 1/3 左右直接排放入海，因而这些排污口附近的海域富营养化严重。2012 年《中国海洋环境质量公报》显示，排污口邻近海域水体中的主要污染物是无机氮、活性磷酸盐、化学需氧量和石油类，个别排污口邻近海域水体中重金属、粪大肠菌群等含量超标，75% 以上的排污口邻近海域水体呈富营养化状态，40% 以上的排污口邻近海域为重度富营养化。

3. 各排污口超标排放现象严重

2012 年《中国海洋环境质量公报》显示，2012 年 3 月、5 月、8 月和 10 月入海排污口达标排放的比率分别为 50%、51%、54% 和 50%，全年入海排污口的达标排放次数占监测总次数的 51%，与上年相比基本持平。监测的 435 个排污口中，139 个入海排污口全年 4 次监测均达标；57 个入海排污口有 3 次达标；65 个入海排污口有 2 次达标；63 个入海排污口有 1 次达标；仍有 111 个入海排污口全年 4 次监测均超标排污，占监测排污口总

---

① 杨林等：《海洋资源可持续开发利用对策研究》，《海洋开发与管理》，2007 年第 3 期。

数的比例较上年增加了7%。海洋环境质量下降的趋势仍不能完全遏制。

4. 入海污染物的组成发生了变化

一方面原有各种污染物所占比重将会发生结构性的改变；另一方面还可能有许多新的污染物被排放入海，如随着沿海地区乡镇企业的迅猛发展，城市化进程的加快，一些新的陆地污染物和污染源已经或正在产生。此外，沿海地区兴建大型火力发电站和核电站，极可能引起海域热污染加剧，放射性污染可能趋向明显，必将加剧近海海域的环境污染。

（二）海源污染产生的主要原因

相比于复杂的陆源污染，海源污染的原因要相对明了一些。因为海源污染源相对要简单得多，主要就是海上油田的开发、海上运输和海水养殖。特别是海上油田的开发既是我国保持经济发展速度的重要途径，也是海源污染的主要途径。如《2012 年中国海洋环境质量公报》显示，石油类含量超一类、二类海水水质标准的海域面积约 21 890 平方千米，渤海、黄海、东海和南海分别为 5 860 平方千米、2 430 平方千米、7 720 平方千米和 5 880 平方千米。

综合这些重要的污染源的特点，海源污染产生的主要原因可以简要地归结为 5 个方面：①海洋开发，这是最根本的原因；②海域使用监管不力，大多数海洋运输泄漏事故都是因为监管不力所致；③海水养殖业的外部性问题，这是最典型的海洋型"公地悲剧"；④相关职能部门之间的权责模糊导致执法不严和有法不依等现象，最典型的就是海洋部门与交通部门、水利部门之间的权责界限问题；⑤海源污染的监测在技术上存在许多难题，导致许多海源污染事件无法考证，也使得不法分子有机可乘。

三、海洋生态破坏产生的原因

与海洋污染相比，公众对海洋生态破坏的关注程度要低得多。这主要有两方面的原因：一是海洋生态破坏远离大多数人的日常生活，人们没有什么感官的认知，很难对这个问题产生关注的心理；二是海洋生态破坏的科学考证不足，没有足够权威的科学依据让人们相信破坏的危害程度。但是，从前面海洋生态系统的状况描述中，可以看到海洋生态破坏是一个事实，这主要还是由人类的不当行为导致的。综括而言，海洋生态破坏主要有如下两个原因。

（一）人类对海洋资源的不合理的、超强度的开发利用

人类不合理的、超强度地开发利用海洋生物资源，是造成海洋生态环境破坏的最主要原因。2012 年，对重点监测区的河口、海湾、滩涂湿地、珊瑚礁、红树林和海草床等典型海洋生态系统健康状况进行评价。结果表明，处于健康、亚健康和不健康状态的海洋生态系统分别占 19%、71% 和 10%。[①] 在我国海洋中，几乎所有经济价值较高的生物种类都遭

---

① 《2012 年中国海洋环境质量公报》，中国海洋信息网。

受了或正在遭受着过度捕捞。大多数渔业生物的生物量都降低到非常低的水平，许多重要经济种类成为或正在成为濒危物种。因此多数情况下，过度捕捞是海洋渔业资源趋向枯竭的主要原因。

（二）海洋环境空间的不当利用

人类对海洋空间的不当利用是造成海洋生态破坏最直接原因，如海洋倾倒区的过度使用，2012 年，全国海洋倾倒量为 18 922 万立方米，较上年增加 15%，倾倒物质主要为清洁疏浚物。[①] 再如，对沿海湿地的围垦必然改变海岸形态，降低海岸线的曲折度，危及红树林等生物资源，造成对海洋生态环境的破坏。[②] 过度的、非科学的海洋工程建设也会导致海域污染的发生和生态环境的恶化。海洋工程建设作为海洋产业的重要组成部分，日益受到关注和重视。近年来，由于我国海洋产业的高速发展和科学技术的进步，开发利用海洋资源的需求和能力有了较大的增长，各类海洋资源开发工程和海洋空间利用工程建设类型越来越多，如跨海路桥建设、围（填）海工程、铺设海底电缆管道、油气开发、海底采矿、航道整治、海上采砂以及建设人工岛等，海洋工程建设进入了一个新的经济增长期。但是，海洋工程建设的发展既给海洋经济发展投入了新的活力，同时也带来了许多海洋生态环境问题，特别是一些不符合海洋功能区划的开发活动，使局部海域环境受到严重损害，海洋环境质量不断恶化，造成海洋资源的浪费和海洋生态平衡的破坏，这些日益严重的生态环境问题，不加以解决，势必将影响海洋经济的可持续发展和资源的可持续利用。

四、海洋环境问题产生的综合原因

不论是海洋环境污染，还是海洋生态破坏，虽然各自有其具体的原因，但是，从社会整体的角度看，造成海洋环境问题的主要原因还是人类在开发利用海洋资源时没有顾及到海洋环境的承受能力，对海洋资源实行掠夺性的开发，肆意向海洋排放各种污染物，只注重经济效益而忽视环境、社会效益。具体体现为以下三个方面。

（一）人口、资源、环境之间的矛盾

我国虽然幅员辽阔，但是陆地资源人均值低于世界平均水平，多种陆地资源日益短缺。人均占有陆地面积仅 0.008 平方千米，远低于世界人均 0.3 平方千米的水平；中国人均耕地面积也远低于世界平均值，在占世界 7% 的耕地上养活着世界 22% 的人口，后备土地资源不足；淡水资源人均占有量仅为世界平均水平的 1/4；人均矿产资源量仅相当于世界平均水平的 1/2。而且随着我国经济建设的发展和人口的不断增长，资源供需的矛盾不断尖锐化，陆地所承受的粮食、资源、环境等方面的压力越来越大。

另外，有研究表明，近 20 年来，中国人口分布的重心呈一条明显的空间轨迹，即向

---

① 《2012 年中国海洋环境质量公报》，中国海洋信息网。
② 赵淑江、朱爱意：《海洋渔业对海洋生态系统的影响》，《海洋开发与管理》，2006 年第 3 期。

人口原本就十分密集的东部沿海地区进一步集中。目前和今后一个相当长的时期内，都存在着人口趋海移动的问题。到 21 世纪中叶，我国人口将会达到 16 亿人，其中可能有 60% 的人居住在沿海地区，人口密度将超过沿海地区人口承载力①。

另一方面，我国拥有广阔的海域，跨越温带、亚热带、热带三个气候带，大陆海岸线长达 18 400 千米之余，归属我国管辖的专属经济区和大陆架面积约 300 万平方千米，岛屿 6 535 个，沿海滩涂面积 2.1 万平方千米，自然地理和区位优势都十分明显，海洋资源十分丰富。随着人类社会的发展，人民生活水平得以大幅度提升，但是人口的急剧增长，使得对资源的需求量相应增加。陆地资源的匮乏，使人类不得不到海洋去获取资源，海洋逐渐被公认为是资源扩充的有效途径。为了解决人口、资源、环境三大问题带来的生存压力，世界各国纷纷向海洋大力进军，给海洋造成很大的压力。今后，随着我国经济社会发展和人口增长对海洋的依存度会越来越大，必然要求海洋为经济社会的发展提供越来越多的、安全的、有保障的海洋资源和空间。

（二）海洋环保意识薄弱

由于受传统观念的影响，社会公众对海洋环境的保护意识是极其薄弱的。并且由于对海洋认识不足，造成了人类对海洋资源的开发和利用过程中产生大量的环境问题。

首先，长期以来，人们认为海洋资源极其丰富，取之不尽、用之不竭，并且认为海洋面积广、容量大，其净化能力和再生能力强，是一个天然的、巨大的垃圾处理站。在这种思想的影响下，人们往往忽视了对海洋环境的保护：大肆往海洋中倾倒垃圾和废弃物，无度捕捞和开采，使海岸带环境急剧恶化；采取传统开发战略，注重海洋资源的利用，而忽视保护工作。

其次，海洋意识淡薄。不仅是内陆和边远地区的人们海洋观念淡薄，即便是生活在海边甚至直接从事涉海活动的人们，也存在着"近海而不识海"的问题；"重陆轻海"的观念根深蒂固，海洋的作用远不如陆地在人们心目中的地位，在管海用海和保护海洋方面缺乏比较强烈的海洋意识和活跃的海洋进取精神。

再次，贪利思想的影响根深蒂固。为了追求个人或区域经济利益，不惜牺牲整个大的海洋环境。海洋是一个巨大的资源库，其中蕴含着许许多多的珍稀动植物以及能源、矿产等，具有较高的经济价值或者能够带来巨大的经济收益。因此，在巨大的经济利益驱使下，有些人不顾国家有关法律法规的限制，大肆掠夺海洋资源，甚至捕杀濒临灭绝的珍贵物种。这种以生态价值为代价追求经济利益的做法给海洋造成了严重的危害。②

（三）过度或者无序的海洋开发行为

我国是个海洋大国，海域空间广阔，蕴藏资源丰富。在过去漫长的岁月里，海洋为中

---

① 据国家"九五"科技攻关项目"沿海地区人口承载力研究"结果表明，沿海地区对于人口的承载能力时有一定限度的。最大承载力为 894 ~ 19 311 人/千米² 之间，最小承载力为 95 ~ 2 042 人/千米² 之间。

② 崔凤：《海洋与社会——海洋社会学初探》，黑龙江人民出版社，2007 年，第 193 页。

华民族的生存与发展做出了巨大的贡献。特别是改革开放以来，海洋经济快速发展，海洋产业已成为我国国民经济新的增长点。同时，我们也应该看到，由于我国的海洋开发利用活动缺乏统筹规划，过度或者无序的海洋开发行为引发了问题。尤其是随着海洋开发利用规模和强度的不断加大，其问题和矛盾呈明显上升趋势，主要表现在：一是开发利用方式粗放，结构和布局不合理，部分海域开采过度，资源浪费严重；二是擅自围海、填海、采砂、养殖等行为，破坏了海洋资源和海洋开发秩序；三是无遏制地向大海排污，使近岸海域环境恶化，赤潮频繁发生；四是缺乏海洋开发统筹协调机制，综合调控力度较弱。以上这些问题已经成为制约海洋资源长期稳定供给、海洋经济健康发展的重要因素。

第三节　我国现有海洋环境对策分析

从发展社会学的角度看，海洋开发是人类发展的必然趋势。而从环境社会学的角度看，人类加大海洋开发利用的力度是导致海洋环境问题的最根本原因，并且海洋环境问题反过来会成为制约海洋开发利用的重要因素。虽然环境污染、生态破坏是海洋开发不可避免的"副产品"，发展海洋经济必然会导致海洋环境的破坏，但是海洋作为一种资源扩充的途径来缓解人类生存的压力，是不可避免的选择。面对海洋环境的种种制约，人类也开始设置各种应对措施。如伏季休渔制度就是一个很好的例证。近年来，由于近海海域捕捞强度超过了渔业资源的再生能力，渔业资源的开发已经过度，渔业资源严重衰退，成为制约沿海地区经济发展和社会安定的不利因素。为了保护近海渔业资源免遭枯竭厄运和渔民的长远利益，政府和相关部门采取了一系列保护措施，如建立禁渔区和禁渔期、控制捕捞强度、进行作业结构调整等。这些措施在规范海洋开发行为、保护海洋生态环境方面固然具有一定的积极意义，但是从另一个角度上来讲，这也是人类过度开发海洋资源而不得不付出的代价，海洋生态环境问题同样成为人类开发利用海洋的制约因素。

不管怎么样，海洋环境问题是人类过度或不当开发利用海洋的客观结果。因此，从环境社会学的角度看，海洋环境行为主体及其行为选择是问题产生，也是问题解决的关键所在。本节将通过对海洋环境主体及其行为的现状分析，结合前面海洋环境状况及问题的阐释，为以后的海洋开发与海洋环境保护之间的协调发展提出一些建议。

一、对于海洋环保主体的界定和要求

海洋是人类的共同财产，作为公共资源，政府的主体地位首当其冲。海洋的污染源最主要是来自企业的污水排放和有害物质的倾倒及溢油事故。因此，从污染源方面企业有着不可推卸的责任。对海洋环境的治理最根本的是唤起公众的环保意识，对海洋环境的保护最终要落实到每一位公民身上，只有这样才能从根本上解决海洋环境污染的问题。因此，对海洋环境的保护，政府起主导作用，企业是最重要的落实者，公众及社会团体是最重要的参与者。

（一）发挥政府在海洋环境保护中的主导作用

在我国，长期以来，对海洋环境保护工作，并未形成一个统一的有权威性的行政机构和行政执法机构。多年来，我国海洋管理以行业管理为主，海域使用以地方管理为主。因此，各行业部门、沿海各省、市都是海洋资源开发与管理的主体，实际形成了条块分割、各成体系的局面。各家自然都会强调自身的利益和发展，而各开发主体之间自然很难有协调和相互约束的机制，而在资源有限的情况下，过度和不计后果的开发就在所难免了。这种局面必然使海洋资源得不到合理开发，海洋生态环境也不可能得到有效保护。

就国家层面讲，我国目前对海洋环境管理的有国家环保部门、海洋行政部门、交通部门、渔政部门和部队五家，有人将其戏称为"五龙管海"。这种管理模式的结果是机构重叠，各部门很大一部分工作实际是在进行重复劳动，管理过程中，互相扯皮的现象也不鲜见，实际上难以形成管理的合力。而我国权力部门化倾向历来存在，部门之间往往存在权益之争，加之各部门之间的管理条例也不统一，甚至相互矛盾，这就使管理的效果大打折扣。对此，有人说，在我国，"五龙管海"成了"五龙闹海"。

因此，要实现海洋环境管理和保护的科学性和实效性，首先要在政府层面统一行政管理权，要在国家和省、市一级建立更具权威性的海洋行政管理部门，实行对海洋环境管理的统一领导。为此，有人建议，把我国海洋环境管理职能统一于国家海洋行政部门，把目前隶属于国土资源部的国家海洋局扩建为"国家海洋总局"，以提高其海洋管理的权威，使其能切实履行海洋环境保护的职能。要不断提高各级政府的海洋环保意识，充分认识遏止和治理陆源污染、保护海洋生态环境的重要性和迫切性。对此，各级政府必须高度重视，必须站在战略发展的高度，重视海洋环境的保护工作，要用政府的影响和力量，在全社会营造海洋环境保护的氛围，采取切实有效的措施，加强对海洋环境的治理和海洋生态环境的保护。要加强监管，加大对海洋环保的执法力度。要建立健全海洋环境保护的长效管理机制。要严格监控沿江、沿岸污染物排放入海，特别要加强对重点污染企业的监控和监管，严禁偷排和超标排放。要加大企业的环保成本，促使污染企业加大污染整治力度或者关、停、并、转。治理海洋污染必须实现海陆联动，要实行控制陆源污染和海上污染双管齐下。因为治理海洋污染，控污是关键，海陆联动才有效。要坚持河海统筹、陆海兼顾的原则，并把陆源污染防治作为重点。①

（二）加强对企业的环保制约

鉴于海洋环境污染物主要来源于企业排污，因此对海洋环境污染的治理必须加大对污染企业的整治。政府的主要财政来源就是企业的缴税，企业的缴税又来源于企业的利润，企业又是以营利为目的，营利又要以降低成本为主要手段，如此种种，企业就不会投入对

---

① 李百齐：《树立科学的发展观 努力保护海洋环境》，《管理世界》，2006 年第 11 期。

污染治理的外部成本，因此，必须改变这种利益驱动机制，使企业在环境治理中得到切实好处。同时，对于污染破坏环境的企业让其付出更大的成本，甚至使其倾家荡产，企业经过权衡利弊，趋利避害后，必然走环保之路。

对严重违反环保法规、造成重大环境污染的企业，其各类评优、评先实行一票否决。以往我国海洋环境管理难以真正发挥效力的原因还与对海洋环境污染赔偿太低、处罚过轻有关。《中华人民共和国海洋环境保护法》第七十三条规定，"不按本法规定向海洋排放污染物，或者超过标准排放污染物的，处二万元以上十万元以下的罚款"。对于一个赢利几千万元、数亿元的企业，罚款几万对其来讲只是九牛一毛，无法起到威慑作用，也不足以使其畏于罚款而去彻底进行排污处理。国外对环境污染的处理则严厉得多。如美国加州检察院控告该州6家汽车制造厂制造的汽车尾气排放不达标造成城市空气污染，要求该6家企业支付几十亿美元的罚金。几十亿美金的罚款足以让世界上绝大多数的大财团心惊胆战，而众多企业也许就会倾家荡产了。因此，有人认为有必要对我国有关的海洋保护法规进行适当修改，要加大对海洋污染者的惩罚力度，要让那些漠视环境保护法令，不顾全人类的利益，大肆向海洋排污和向海洋倾倒废物的企业付出巨额罚款，大大提高污染海洋的成本。

（三）公众在海洋环境治理中的重要作用

随着公共治理理论的兴起，对于治理主体的界定扩展了以往以政府为单一主体的管制思想。公共治理的主体实现了多元化，权力结构呈网络化分布，公民社会组织、私人部门、国际组织及至公民个人都可以成为公共治理的主体，权力多中心化，政府不再是唯一的权力中心，首先在行为主体上，改变政府作为唯一合法机构的形式，实行公共机构、私营组织和第三部门以及个人的共同参与。因此，公众在现代社会中起着越来越重要的作用。

保护海洋环境要十分重视广大人民群众所发挥的重大作用，要积极支持、发动和动员广大公众参与海洋环境管理。因为海洋环境关系到广大民众特别是海岸带地区人民群众的切身利益。海洋环境的破坏既造成了海洋生物资源严重衰竭，也使海洋捕捞业、养殖业和海洋旅游业受到严重影响，造成海洋生态的破坏，从而给整个人类的海洋经济活动造成灾难性的影响，这些都是人类的共同损失。所以，2004年世界环境日的主题被确定为"海洋存亡，匹夫有责"。这就是说，任何一个社会成员都有权参与海洋环境保护。[①]

二、我国现有海洋环境对策分析

（一）政府方面

针对政府在环境保护中的重要地位及上面提到的其自身存在的问题，政府也相应地提

---

① 李百齐：《树立科学的发展观 努力保护海洋环境》，《管理世界》，2006年第11期。

出了各种保护环境的对策，但现实成效却并不尽如人意，下面我们将分别对这些对策存在的问题加以分析，从而为下文提出更为完善的对策打下基础。

1. 海洋环境信息公开制度

环境信息公开是一种新的环境管理方法。又称环境信息披露，是指拥有相关环境信息的主体，以维护公众健康的、可持续的生存环境为目的，依法将其掌握的环境信息以相应形式向公众或有环境信息需求的客体公布的做法。这种做法自 20 世纪中期产生以来，到今天已发展成为一种全新的环境管理手段。1992 年的《里约热内卢宣言》原则 10 被看作是环境信息公开获得国际社会普遍承认的标志。1998 年的《奥胡斯公约》则把《里约热内卢宣言》中环境信息公开化的模糊语言转变成具体的法律义务。《公约》于 2001 年 10 月生效，现已向世界所有国家开放。①

我国政府为推进环境信息公开已做了诸多努力，如每年公布环境公报，每月公布大江大河水质状况，每天公布城市空气质量，传媒也在广泛报道环境事件等。在海洋环境方面，由于我国加入了一系列海洋公约，所以要履行公布信息的义务，同时实现海洋发展的战略目标也要求积极利用信息公开的优势来保护海洋环境。

首先，为更好地构建海洋环境信息公开制度，对涉海企业规定必须进行排污申报登记，主要是指企业到环境管理机构将其产生的污染物的量和质进行申报登记。这种形式的环境信息披露在我国实践中取得了一定的成效，但应看到它体现的是一种"末端治理"的思想，而且企业的排污申报面向的是政府环境管理机构，并不是向公众披露，这就限制了公众对企业环境行为的监督和企业环境信息披露在环境管理中的作用；其次，海洋信息公开制度缺少法律保障。目前为止，我国还没有一部关于环境信息公开的法律，同时，对以往环境法律法规的执行也存在着漏洞；再次，海洋信息公开制度缺少公民监督。

2. 海洋环境污染赔偿机制及预警机制

目前我国已初步建立了环境污染赔偿机制，规定谁污染谁治理，《中华人民共和国环境保护法》第四十一条规定："造成环境污染危害的，有责任排除危害，并对直接受到损害的单位或者个人赔偿损失。"但这种机制在实施过程中遇到了各种各样的困难。首先是责任认定难题。环境问题确实产生了，但谁是责任人在现实操作中往往很难认定。我们知道，经济发展必然带来环境破坏，一般来说企业或公众的经济活动并非是主观上想造成这样的局面，环境污染多数情况下是一种客观结果。相反，这些经济行为本身创造社会财富，有一定的正当性。加之现代工业生产及由此造成的污染往往涉及复杂的科学技术问题，有时难以证实排污者的过错。其次是赔偿问题。这种完全依靠行政手段的实际效率是很低的，一旦发生重大环境污染事故，在巨大的赔偿和污染治理费用面前，事故企业只得被迫破产，受害者得不到及时的补偿救济，被污染环境得不到及时有效的治理，最后还是

---

① 陈慧玲：《浅析环境信息公开与海洋环境管理》，《科学咨询》，2007 年第 1 期。

只能由政府花巨资来为企业买单。

同时，我国目前也已经有相对完善的环境污染预警机制，有专门的部门和环境地质专家对海洋进行观测以及对海洋环境事故进行预报。但是，为什么重大环境问题依然连连发生而事前却并未对事故可能造成的危害有比较准确的分析和预测呢？究其原因是因为这种机制本身存在重大缺陷。首先，过分依赖主要决策者。虽然在日常生活中，当意见不一致时，我们一般采取少数服从多数的原则，但是在政治上的某些重大决策方面，依然是一把手说了算或者是某几个人说了算，这时决策的好坏仅仅依赖于这个或这几个决策者。其次，政令不畅，这也是我国目前正在广泛采用的科层制的不足之处，它要求所有决策的制定过程必须经过下层向上层就问题进行汇报到上层依法制定相应对策的过程，这样严格的程序虽然保证了对策的合法性但也同时带来了行政成本过高、组织效率低下、创造力缺乏、难以适应更快速、更不确定的市场变化等诸多问题。最后，公共报道失真。自第三次工业革命以来，在全球化的带动下，世界已进入信息化时代，信息成了一种非常重要的资源，各种信息传播方式也日益丰富起来，电视、报纸、杂志、网络更是成了人们获取信息的主要渠道，但是，这些传播渠道并非都完全可靠，它们都会在一定程度上受到某些利益及个人主观方面的影响，从而导致信息失真误导公众及决策层。例如，2005年11月13日，位于吉林省的中石油吉林石化公司双苯厂发生爆炸事故，造成大量苯类污染物进入松花江水体，引发重大水环境污染事件。这一事件给松花江沿岸特别是大中城市人民群众生活和经济发展带来严重影响，且波及俄罗斯。事后对此事件的调查分析结果显示，这次事件之所以造成如此大的危害，主要有三个原因：一是国家环保总局知情而重视不够、对可能产生的严重后果估计不足；二是决策制定过程太慢，没能及时采取有效措施；三是公开报道的预警缺位与轻率误导。

3. 重点区域重点治理

渤海海域绝大部分为陆地环抱，只有东部与黄海相通，因此又被称为我国的"内海"。渤海沿岸有很多重要的港口：大连、旅顺、秦皇岛、天津新港等。渤海沿岸蕴藏着丰富的石油资源，著名的胜利油田、大港油田就在这里。渤海又是我国最大的渔场之一，盛产对虾、黄鱼。渤海沿岸地势平坦，适宜晒盐，是我国最好的盐场之一。因此渤海是我国重要的海区之一，在我国海洋经济中发挥着重要的作用。

然而随着环渤海地区经济的发展，对渤海开发利用的广度和深度的与日俱增，以及受到其自身自然条件的制约，渤海海域的环境问题越发突出，正在承受着前所未有的压力。近年来的监测表明，渤海海域环境污染相当严重，污染范围持续扩大。渤海近海海域环境纳污能力遭到严重破坏，因此诸多海洋环境专家也发出了"渤海可能变成'死海'"的警告。面对如此大的压力，保护和治理渤海海洋环境的任务日益艰巨。仅靠常规的海洋综合管理无法根本解决渤海的难题。为此有人提议实行"重点区域重点治理"的对策。在综合考虑渤海的资源、环境、生态等整体问题的基础上，从渤海的客观现实和国民经济与社会发展需求出发，为渤海"量身定做"一套完整的、配套的、衔接的行动方案，通过管理、控制、预防、治理等一系列措施，恢复渤海可持续利用的潜力。

渤海作为我国的"鱼仓"和"海洋公园"，对我国沿海地区的经济建设和社会发展起着非常重要的作用。但是同时它作为我国的内海，也是一个极为脆弱的生态系统，容易受到污染和破坏。它的水体交换能力、净污能力相对较弱，因此其环境的污染与破坏给社会和人类造成的危害更大、周期更长。在"重点区域重点治理"这种思路的指导下，国家海洋局联合相关部门以及海军、环渤海四省市于 2001 年提出斥资超过 555 亿元、历时 15 年之久的"渤海碧海行动计划"，以期初步遏制渤海海域环境继续恶化的趋势。但是到 2005 年为止，"渤海碧海行动计划"并没有达到预期的成效，渤海污染问题整体上还是呈恶化趋势，有人戏称"渤海越治越污"。究其原因，我们认为根本在于对渤海的认识尚不够深入，还没有达到一种本质的、清醒的认识，从而导致政策效果不明显甚至失效。

4. 海洋功能区划

我国是个海洋大国，海域空间广阔，蕴藏资源丰富。在过去漫长的岁月里，海洋为中华民族的生存与发展做出了巨大的贡献。特别是改革开放以来，海洋经济快速发展，海洋产业产值由 1978 年的 64 亿元上升为 2013 年的 5.4 万多亿元，已成为我国国民经济新的增长点。同时，我们也应该看到，由于我国的海洋开发利用活动缺乏统筹规划而出现了不少问题，尤其是随着海洋开发利用规模和强度的不断加大，其问题和矛盾呈明显上升趋势。今后，随着我国经济社会发展和人口增长对海洋的依存度会越来越大，必然要求海洋为经济社会的发展提供越来越多的、安全的、有保障的海洋资源和空间。同时，经济的全球化、科技的高速发展、世界贸易组织准则和联合国海洋法公约的全面实施，对维护海洋权益、保护生态环境、开展综合管理等方面也提出新的要求和挑战。解决这些问题，应对新的形势，应制定治本之策。经过多年研究和实践证明，制定并实施海洋功能区划是解决以上问题的行之有效的办法。

海洋功能区划是我国政府在 20 世纪 80 年代末期提出并组织开展的一项系统性、基础性的工作，目的在于揭示各个具体海域的自然属性及社会属性，将海域划定为不同类型的功能区，为科学、合理地开发海洋和保护环境提供可靠的依据，为国民经济和社会发展提供用海保障。早在 1994 年的《中国海洋 21 世纪议程》中就多次阐述到要开展海洋功能区划工作，并把其作为中国 21 世纪海洋资源可持续开发利用的重要对策之一。2002 年 8 月 22 日，国务院批准了《全国海洋功能区划》，此后国务院先后批准了河北、江苏、浙江和福建 4 省对海洋进行功能区划。截至 2006 年年底，全国已有 8 个省级海洋功能区划获得国务院批准，并由当地省级人民政府发布实施，沿海市县级海洋功能区划也陆续得到批准实施。海洋功能区划对促进区域海洋的合理开发和环境保护发挥了积极作用。

虽然在这 10 余年的时间里，海洋功能区划已经成为解决海洋开发利用战略问题的重要途径、促进海洋合理开发与海洋环境保护的重要手段。但是由于海洋功能区划提出的时间比较短，其理论体系还不够成熟和完整，实践的时间也不够长，方法体系以及评价模式等都需要在实践中不断探索和完善。

5. 发展海洋科技，保护海洋环境

海洋资源的开发利用相对陆地资源而言，难度和风险更大、综合性更强、对科学技术的依赖性也更大。海洋资源从调查、观测、勘探、开发利用到管理、保护的各阶段，都是科学和技术运行过程的结果。加之，随着海洋在我国经济发展中的地位日益凸显，未来20年，我国应实行"维护海洋权益和安全、发展海洋经济、建设海洋强国"的海洋开发战略，到2010年实现海洋经济增加值占国内生产总值的5%，2020年占6%；2020年后逐步成为海洋经济发达、海洋科技先进、海洋综合力量强大，在国际海洋事务中发挥重大作用的海洋强国。[①]

为解决海洋开发过程中的技术难题以及适应我国海洋经济发展目标，20世纪90年代初，在国家实施科教兴国和可持续发展战略的总体背景下，海洋领域提出了科技兴海的战略设想和行动计划。原国家科委、国家计委、国家海洋局、农业部等联合于1997年发布实施了《"九五"和2010年全国科技兴海实施纲要》，2003年国务院又印发了《全国海洋经济发展规划纲要》，强调必须坚持实施"科技兴海"战略，加大投入力度，因地制宜发展海洋生物技术、海洋矿产资源勘探开发技术、海洋生态环境保护技术等，并通过建立"海洋高新技术产业园"等途径加速海洋科技产业化，使海洋资源开发由简单的资源产品型向资源商品型发展，提高海洋开发利用的总体技术水平、规模与效益。

我国科技兴海工作经过20多年的探索和发展，积累了丰富的经验，不仅大大增强了开发利用海洋的能力，促进了海洋经济的快速发展，同时，也使这项工作以其旺盛的生命力和不可替代的巨大作用，进入了更多人的视野，从而具有了全新的战略地位。但是，我们也应当清醒地认识到，科技兴海工作与当前推动海洋经济又好又快发展的要求相比，仍然存在不容忽视的差距，突出表现在：海洋高新技术产业在海洋产业中的比例仍然偏低，科技发展对海洋经济的贡献率不大；企业尚未真正成为技术创新主体；海洋科技成果转化率不高。

（二）企业方面

企业作为海洋环境污染的主要制造者，必须承担起环境保护的责任。虽然，企业的生存和发展最终是依赖于经济效益的，但是环境的污染与破坏会在很大程度上制约企业的经济活动，因此，近年来涉海企业在海洋环境保护方面也做了一定的努力，例如，为响应国家的可持续发展战略，贯彻落实科学发展观，企业承诺实行污染减排工作，但是现实成效却并不尽如人意。本文将其原因总结为：仅仅只是表面应付，暗地里依然不惜以牺牲环境为代价求得更大的经济效益，缺乏环境质量评价机制；用非正常手段逃脱环境监督部门的

---

① 沙文钰：《海洋环境预报现状和面临的挑战》，《气象水文装备》，2006年第5期。

检查监督；缺乏相应的激励机制，内在动力不足。

综合以上分析，政府、企业、公众在海洋环境保护方面存在的不足，主要有以下几点。

其一，政府的环境保护对策缺少法律保障，没有完善的评价监督机制。

其二，对环境保护的态度还停留在重治理轻防治的末端治理思想上。

其三，对策的提出缺乏科学依据，没有建立在实证调查的基础上。

其四，企业缺乏正确的激励机制，在环境保护中的主体地位不明确。

最后，公众的环境保护意识不强。

第四节　海洋环境保护对策探析

随着海洋世纪的到来，人类向海洋进军的步伐加快，海洋经济在国民经济中的地位将会越来越重要。但是海洋的开发会导致海洋生态平衡被打破以及海洋环境污染。反过来，海洋环境问题又会成为制约海洋开发行为的重要因素，海洋生态环境问题已经成为人类开发利用海洋的制约因素。因此，针对我国目前严重的海洋环境问题，政府、企业、个人在海洋环境保护中的不足及海洋环境对经济社会发展的制约作用，我们有必要探索对海洋环境保护更为行之有效的对策。本文综合考虑以上因素后探索性提出以下对策。

一、完善相应的法律法规，建立完善的评价监督机制

制定相应的环境保护法律法规，为环境保护政策提供法律保障，并且，利用这种政府强制手段限制海洋开发行为。同时严格执法，严防执法人员因收受贿赂而包庇非法破坏海洋环境的企业，理顺体制和完善监督机制并对涉海企业环境信息披露行为进行监督。进一步完善海洋环境监测网络，要在现有的基础上，进一步加强市、县海洋与渔业环境监测机构和队伍的建设，充实各层次的专业队伍和现代化装备，使其成为海洋与渔业环境监测网的技术保证单位。加强海洋环境评价体系建立方面的研究，精选项目指标，建立适合各海域状况的评价体系。加强信息化建设，增强环境监控综合决策能力。建设海岸带和海洋环境管理信息系统，以信息化促进环境管理现代化，提高环境监控水平。

二、注重预防，加强对海洋环境的预警预报

政府应该将重点放在限制企业的污染物排放，防止涉海企业过度开发海洋资源而不是放在对违反环境法律法规的企业的惩罚上。要确立治海先治陆的思想，加强对陆地污染的管理，实行总量控制；加强对城市生活污水和垃圾的治理；控制化肥和农药的使用量，特别要控制有毒有害农药的使用量；严格控制陆源污染物排海。从源头防止海洋环境污染。同时，加快海洋灾害预警预报工作。全面开展警戒潮位核定和沿海堤防高程测定工作，为

台风、风暴潮漫滩预警预报打下基础。开展赤潮灾害预警预报，有效减少赤潮灾害造成的损失。依托福建省海洋监测和预警预报系统的部分业务化运行，提高对风暴潮、海啸及溢油和危险品泄漏等突发性海洋灾害和污染事故的防灾减灾水平。通过成立包括监测监控和预警系统、信息查询统计系统、事故现场信息采集系统、应急指挥辅助决策系统、灾害信息发布系统、灾害评估系统、中心运行维护系统、多媒体演示系统等系统的海上突发事件应急指挥中心，逐步形成统一的预警指挥系统。

三、在实证调查的基础上有针对性地提出海洋环境保护对策

要对海域环境治理与保护制定完整配套方案，必须首先确定对该区域已经进行了科学合理的调查和分析，并由此而获得了整体而全面的认识。同时，针对不同海域采取不同的对策。如，海洋生态保护的重点是加强典型海洋生态系统，修复近海重要生态功能区，建立和完善各具特色的海洋自然保护区。

四、对企业要实行正确的激励机制

由于企业缴税是政府的主要财政来源，而企业缴税又来源于企业利润，加之企业本身又是以营利为目的，营利又要以降低成本为主要手段，因此不少企业就以牺牲环境为代价获取经济效益。上面所说的因过度开发海洋资源和过度利用海洋空间造成的海洋生态破坏及因大量将工业污水排放入海带来的海洋污染就是这种激励机制的后果。因此，必须改变这种利益驱动机制，使企业在环境治理中得到切实的好处，对那些注重环境保护和对海洋环境实施了有效治理的企业实行政策倾斜。同时，对那些漠视环境保护法令，不顾全人类的利益，大肆向海洋排污和向海洋倾倒废物的企业进行巨额罚款，提高其污染海洋的成本。

五、发挥环保部门、公众及市场对企业的监督作用

杜绝各种贿赂等有害社会风气并妨碍执法部门严格执法的行为，切实落实好环保部门对企业的监督工作。同时，因为环境问题与公众的切身利益息息相关，所以环境保护事业需要公众的积极参与。保障公众的环保知情权、参与权，既是政府的责任，也是企业的义务。加强与公众的交流，接受公众监督，可以积极鼓励和帮助企业在环保方面不断改进和提高，树立良好的社会形象。

充分发挥市场这只看不见的手的作用。加快制定"环境污染责任保险制度"，即企业就可能发生的环境事故风险在保险公司投保，由保险公司对污染受害者进行赔偿。但这并不意味企业就可以放心大胆地去污染。因为环境保险的收费与企业污染程度成正比，如果企业发生污染事故的风险极大，那么高昂的保费会压得企业不堪重负。保险公司还会雇佣专家，对被保险人的环境风险进行预防和控制，这种市场机制的监督作用将迫使企业降低

污染程度。

六、发展海洋科技，保护海洋环境

促进海洋高新技术产业发展，提高科技发展对海洋经济的贡献率。充分运用遥感（RS）、全球定位系统（GPS）和地理信息系统（GIS）、卫星对地观测等数字地球技术和全球通信网（如 Internet）获取海岸带的资源、环境、经济与社会动态变化数据，实现数据获取、数据处理、存储和数据交换与共享；动态模拟海岸带环境的变迁趋势，提高快速预测、预报和评估的能力，为海洋可持续发展的决策系统提供最为强有力的技术支持。围绕海洋产业竞争能力和发展潜力，提升传统产业，培育和发展新兴产业，促进海洋经济发展从资源依赖型向技术带动型转变，从而提高海洋产业附加值、转变海洋经济发展方式、带动海洋经济快速健康发展。加快海洋科技成果转化。推动海洋关键技术成果的深度开发、集成创新和转化应用，大力推进高新技术转化和产业化，鼓励海洋装备制造技术转化应用，以此带动海洋经济的快速发展。同时加快人才培养，完善成果转化市场机制；加强合作交流，形成国际合作促进机制。

七、在加强公众环境意识的过程中要做到具体问题具体分析

我们已经认识到对海洋环境的治理最根本的是唤起公众的环保意识，对海洋环境的保护最终要落实到每一位公民身上。但是目前的问题是，大部分公众的环境知识还非常缺乏，而且，不同地区和不同年龄段的人对环境知识的缺乏和需要是不同的，因此我们解决公众环境意识问题时不能一刀切。例如，广大西部内陆地区的人可能大多数从来没有见过大海，他们对有关海洋环保的知识是极度缺乏的，因此，对他们应主要借助新闻媒体进行海洋环境知识的宣传和教育，使他们首先对海洋环境建立起基本的感性认识，然后，再进行广泛地普及海洋环境法律法规，至少不至于让他们做了环境破坏者还不自知；对于东部沿海地区的公众而言，由于他们长期生活在海边并从事一些海洋经济活动，在与海洋的互动过程中对海洋环境知识已有一定了解，所以，应主要促使他们建立正确的海洋观，激发起他们主动保护海洋环境的动机，并鼓励他们利用相关技能，参与解决环境问题，使他们成为环境的保护者。

结束语　　建设和谐海洋

　　深入贯彻落实科学发展观，积极构建社会主义和谐社会，是党的十七大确定的战略任务。党的十七大报告指出："深入贯彻落实科学发展观，要求我们积极构建社会主义和谐社会。……科学发展观和社会和谐是内在统一的。没有科学发展就没有社会和谐，没有社会和谐也难以实现科学发展。……要按照民主法治、公平正义、诚信友爱、充满活力、安定有序、人与自然和谐相处的总要求和共同建设、共同享有的原则，着力解决人民最关心、最直接、最现实的利益问题，努力形成全体人民各尽其能、各得其所而又和谐相处的局面，为发展提供良好社会环境。"因此，深入贯彻落实科学发展观，积极构建和谐海洋，将是统领我国海洋事业各项工作的基本指导方针。

　　党的十八大报告提出了"提高海洋资源开发能力，发展海洋经济，保护海洋生态环境，坚决维护国家海洋权益，建设海洋强国"的战略任务。建设海洋强国，其中的一项重要内容就是要在科学发展观的指导下，实现海洋与社会的协调发展。

　　紧紧围绕海洋强国战略，在科学发展观的指导下，根据建设和谐社会的目标，和谐海洋的基本内涵就是海洋生态环境良好，海洋经济可持续，沿海地区城乡与区域协调发展，各种关系处于一种比较融洽的状态。

　　建设和谐海洋的基本目标是实现人海和谐。人海和谐共处，应是21世纪人类社会追求的海洋文明理念。人海和谐共处，涉及人与海洋、人与人之间各种关系的调整。[①] 因此，人海和谐就是在充分全面科学地认识海洋价值的基础上，在促进海洋经济快速稳定可持续发展的同时，保护好海洋生态环境，调整好各种关系，促进沿海地区的社会发展以及整体社会的发展。实现人海和谐，需要我们树立科学的海洋观。科学海洋观就是用科学的眼光来全面审视海洋价值和人类海洋开发实践活动。在海洋价值方面，我们既要重视海洋的现实价值，也要重视海洋的潜在价值；既要重视海洋的经济、政治、军事价值，更要重视海洋的科学、文化价值。在人类海洋开发实践活动方面，我们要从根本上扭转力图统治海洋、控制海洋、征服海洋的信念；要彻底抛弃海洋是取之不尽用之不竭的宝库，贪得无厌向海洋索取，依靠牺牲海洋生态环境谋发展的观念；要坚决放弃高投入、高消耗、低效益的发展道路，既要重视海洋开发的经济效益，更要重视海洋开发的社会效益和文化效益，

---

　　① 杨国桢：《人海和谐：新海洋观与21世纪的社会发展》，《厦门大学学报（哲学社会科学版）》，2005年第3期。

实现海洋开发的又好又快地发展。

建设和谐海洋的具体目标：一是要保护好海洋生态环境。海洋生态环境是海洋价值的物质基础，一旦海洋生态环境遭到破坏而不能恢复，海洋价值将丧失殆尽，因此，人类的海洋开发实践活动应以不破坏海洋生态环境为前提；二是要转变粗放式的海洋经济增长方式，利用海洋科技进步，将现有的"高投入、高消耗、高排放、低效益"海洋开发模式转变为"低投入、低消耗、低排放、高效益"的海洋开发模式；三是要实现沿海地区人口与城市的协调发展。人口的增长和城市化的发展将会为沿海地区的经济与社会发展提供活力，但是人口和城市化的过快增长和不平衡发展都会引发一系列的社会问题，最终影响沿海地区的社会稳定；四是要实现沿海地区城乡协调发展，特别是要重点关注传统海洋渔业的衰落及其对渔民收入的影响，要通过各项政策安排促使渔民转产转业，增加渔民收入，缩小城乡的差距。五是要实现沿海地区区域协调发展，在保持"珠三角"地区、"长三角"地区和环渤海地区快速发展的同时，也要关注沿海地区其他区域的发展，力争实现区域协调发展，使整个东部沿海地区作为一个整体率先实现现代化，在此基础上，通过发挥辐射作用带动中西部的发展；六是要处理好海洋开发中各利益群体的关系，形成一种各利益群体和谐相处的局面。海洋开发中的各群体虽然开发利用不同的海洋资源，但是在开发利用的空间与时间上可能产生冲突，因此极易引发矛盾，而这种矛盾涉及各自的利益，如果处理不好就会引发严重的社会问题。

建设和谐海洋，转变理念和完善制度是至关重要的。转变理念就是要树立科学的海洋观，并以其指导海洋事业的各项工作。完善制度就是要尽快完善各项海洋开发制度、海洋管理制度、海洋环境保护制度等，这是建设和谐海洋的根本保证。除此之外，还要制定海洋与社会协调发展战略规划，这一战略规划可以用来处理海洋开发与社会发展之间可能出现的矛盾，从而为和谐海洋建设奠定基础。

参考文献

一、著作

1. （日）饭岛伸子. 环境社会学［M］. 北京：社会科学文献出版社，1999.

2. John G Field, Gotthilf Hempel, Colin P Summerhayes. 2020 年的海洋科学、发展趋势和可持续发展面临的挑战［M］. 吴克勤，林宝法，祁冬梅译. 北京：海洋出版社，2004.

3. 北京市环境保护宣传教育中心. 环境保护 365［M］. 北京：中国环境科学出版社，2007.

4. 陈可文. 中国海洋经济学［M］. 北京：海洋出版社，2003.

5. 陈秀山，张可云. 区域经济理论［M］. 北京：商务印书馆，2002.

6. 褚同金. 海洋能资源开发利用［M］. 北京：化学工业出版社，2005.

7. 崔凤. 海洋与社会——海洋社会学初探［M］. 哈尔滨：黑龙江人民出版社，2007.

8. 丁俊发. 西部大开发——中国 21 世纪大战略［M］. 北京：科学出版社，2000.

9. 樊勇明，杜莉. 公共经济学［M］. 上海：复旦大学出版社，2006.

10. 国家海洋局. 中国 21 世纪议程［M］. 北京：海洋出版社，1998.

11. 国家海洋局. 中华人民共和国海洋法规选编（第三版）［M］. 北京：海洋出版社，2001.

12. 国家环境保护局自然保护司. 中国生态问题报告［M］. 北京：中国环境科学出版社，2000.

13. 国务院法制局. 中华人民共和国法规汇编（1990 年）［M］. 北京：中国法制出版社，1991.

14. 海岸带综合管理技术研究课题组. 海岸带和海洋生态经济管理［M］. 北京：海洋出版社，2000.

15. 韩德培，肖隆安. 环境法知识大全［M］. 北京：中国环境科学出版社，1990.

16. 胡林辉，金钊. 解读科学发展观［M］. 北京：研究出版社，2004.

17. 黄良民. 中国海洋资源与可持续发展. 中国可持续发展总纲（第 8 卷）［M］. 北京：科学出版社，2007.

18. 纪建悦，林则夫. 环渤海海洋经济发展的支柱产业选择研究［M］. 北京：经济科学出版社，2007.

19. 纪晓岚. 长江三角洲区域发展战略研究［M］. 上海：华东理工大学出版社，2006.

20. 季星辉. 国际渔业［M］. 北京：中国农业出版社，2001.

21. 蒋磊. 蓝色回归——21 世纪初的人类与海洋［M］. 北京：海潮出版社，2003.

22. 柯贤坤. 富饶的宝藏［M］. 南宁：广西教育出版社，1998.

23. 黎鹏. 区域经济协同发展研究［M］. 北京：经济管理出版社，2003.

24. 联合国粮农组织. 2004 年世界渔业和水产养殖状况［M］. 粮农组织渔业部，2004.

25. 联合国粮农组织. 2006 年世界渔业和水产养殖状况［M］. 粮农组织渔业部，2006.

26. 联合国环境规划署. 全球环境展望［M］. 张世刚，等译. 北京：中国环境科学出版社，1997.

27. 鹿守本. 海洋资源与可持续发展［M］. 北京：中国科学技术出版社，1999.

28. 倪鹏飞，等. 中国新型城市化道路［M］. 北京：社会科学文献出版社，2007.

29. 毛汉英. 粤东沿海地区外向型经济发展与投资环境研究［M］. 北京：中国科学技术出版社，1994.

30. 曲金良. 海洋文化概论［M］. 青岛：青岛海洋大学出版社，1999.

31. 任淑华. 渔民素质与再就业工程［M］. 北京：海洋出版社，2006.

32. 苏文金. 福建海洋产业发展研究［M］. 厦门：厦门大学出版社，2005.

33. 陶思明. 湿地生态与保护［M］. 北京：中国环境科学出版社，2003.

34. 王庆跃. 走向海洋世纪——海洋科学技术［M］. 珠海：珠海出版社，2002.

35. 王诗成. 龙，将从海上腾飞——21 世纪海洋战略构想［M］. 青岛：青岛海洋大学出版社，1997.

36. 王曙光. 海洋开发战略研究［M］. 北京：海洋出版社，2004.

37. 王思斌. 社会学教程［M］. 北京：北京大学出版社，2003.

38. 王志远，蒋铁民. 渤黄海区域海洋管理［M］. 北京：海洋出版社，2003.

39. 王诗成. 关于加快"海上山东"建设进程的建议［M］. 北京：海洋出版社，2001.

40. 吴柏均，钱世超，等. 政府主导下的区域经济发展［M］. 上海：华东理工大学出版社，2006.

41. 徐质斌，张莉. 广东省海洋经济重大问题研究［M］. 北京：海洋出版社，2006.

42. 徐质斌，等. 海洋经济学教程［M］. 北京：经济科学出版社，2003.

43. 严以新，王谅. 人类的向往［M］. 南宁：广西教育出版社，1998.

44. 杨国桢. 东溟水土——东南中国的海洋环境与经济发展［M］. 南昌：江西高校出版社，2003.

45. 杨文鹤. 蓝色的国土［M］. 南宁：广西高教出版社，1998.

46. 游建胜. 海洋功能区划论［M］. 北京：海洋出版社，2003.

47. 于大江. 近海资源保护与可持续利用［M］. 北京：海洋出版社，2000.

48. 于谨凯. 我国海洋产业可持续发展研究［M］. 北京：经济科学出版社，2007.

49. 张宏声. 全国海洋功能区划概要［M］. 北京：海洋出版社，2003.

50. 赵章元. 中国近岸海域环境分区分级管理战略［M］. 北京：中国环境科学出版社，2000.

51. 郑杭生. 社会学概论新修（第三版）［M］. 北京：中国人民大学出版社，2002.

52. 中国海洋年鉴编纂委员会. 2004 中国海洋统计年鉴［M］. 北京：海洋出版社，2005.

53. 中国海洋年鉴编纂委员会. 2005 中国海洋统计年鉴［M］. 北京：海洋出版社，2006.

54. 中国社会科学院环境与发展研究中心. 中国环境与发展评论（第一／二卷）［M］. 北京：社会科学文献出版社，2001，2004.

55. 朱晓东，等. 海洋资源概论［M］. 北京：高等教育出版社，2005.

56. 周一星. 城市地理学［M］. 北京：商务印书馆，1995.

二、论文

1. Celia Campbell – Mohn, Barry Breen, and J William Futrell, SUSTAINABLE ENVIRONMENTAL LAW, Environmental Law Institute, Copyright 1993 by West Publishing Co.

2. 陈栋生. 区域协调发展的理论与实践［J］. 边疆经济与文化，2005（1）.

3. 陈慧玲. 浅析环境信息公开与海洋环境管理［J］. 科学咨询，2007（1）.

4. 陈鹏，等. 沿海捕捞渔民转产转业政策的分析［J］. 上海水产大学学报，2005（2）.

5. 陈新军，周应祺. 国际海洋渔业管理的发展历史及趋势［J］. 上海水产大学学报，2000（4）.

6. 陈映. 地区差距与区域经济协调发展［J］. 云南社会科学，2004（6）.

7. 崔凤，唐国建．技术与政策在环境问题中的综合分析［J］．中国海洋大学学报（社会科学版），2005（1）．

8. 董伟．美国沿海地区人口变化趋势［J］．海洋信息，2007（1）．

9. 杜碧兰．21世纪中国面临的海洋环境问题［J］．海洋开发与管理，1999（4）．

10. 丁刚，张颖．我国城市进程的历史回顾和动力机制分析［J］．开发研究，2008（5）．

11. 陈俊钊．缩小地区差距构建和谐社会——沿海与内陆地区经济协调发展的思考［J］．特区经济，2006（9）．

12. 付晓东．中国流动人口对城市化进程的影响［J］．中州学刊，2007（6）．

13. 郭文彬，韩增林．中国主要沿海港口城市经济水平空间差异与发展建议［J］．海洋开发与管理，2007（5）．

14. 郭文路，黄硕琳，曹世娟．个体可转让配额制度在渔业管理中的运用分析［J］．海洋通报，2002（4）．

15. 国家海洋局第27期党校班第二课题组．强化赤潮应急管理维护沿海社会稳定［J］．中国海洋报（理论实践版），2006．

16. 何国民，等．牧场化——现代海洋渔业的方向［J］．渔业现代化，2003（5）．

17. 胡刚，姚士谋．中国沿海地区构建城市带战略思考［J］．地域研究与开发，2004（5）．

18. 胡刚．中国东南沿海地区城市链研究［J］．热带地理，2007（2）．

19. 胡彬，应巧剑．长三角区域发展中的"模式趋同"现象及一体化合作问题研究［J］．当代财政，2008（9）．

20. 黄建蓬．中国沿海地区发展研究［J］．科技广场，2005（9）．

21. 黄秀香．海峡西岸经济区发展对策思考［J］．福建财会管理干部学院学报，2005（4）．

22. 焦国栋，廖富洲．加快中部地区经济发展的若干思考［J］．学习论坛，1998（3）．

23. 金川相．欧盟沿海地区的集成管理［J］．全球科技经济瞭望，1997（7）．

24. 居礼，等．柴油价格上涨对我国海洋渔业生产的影响［M］．中国水产，2006（9）．

25. 雷国本．我国城市化中的制约因素和模式选择［J］．城市发展研究，2007（6）．

26. 李百齐．树立科学的发展观 努力保护海洋环境［J］．管理世界，2006（11）．

27. 李宏鸣，王海林，张波庆．中部：承东启西图崛起［J］．瞭望新闻周刊，1999（47）．

28. 李宏宇．实现中部地区经济崛起的思考［J］．商场现代化，2006（1月上旬刊）．

29. 李霞．我国区域差距的客观性与区域协调发展［J］．西安邮电学院学报，2007，12，（2）．

30. 梁勇．我国中西部地区与东部沿海地区发展差距分析及对策［J］．贵州财经学院学报，2000（3）．

31. 刘欣，宋波．GIS和多目标决策技术在海岸带管理中的应用模式［J］．海洋开发与管理，1997（3）．

32. 刘渊．长江三角洲、珠江三角洲发展对比研究与长江三角洲发展的策略选择［J］．浙江大学学报（人文社会科学版），2001（6）．

33. 刘彦随，卢艳霞．中国沿海地区城乡发展态势与土地利用优化研究［J］．重庆工业大学学报，2007（3）．

34. 刘大安．关注渔业社会的关注［J］．中国渔业经济，2004（6）．

35. 刘宝玲．区域发展差异与区域协调发展关系思考［J］．经济问题，2007（4）．

36. 吕春花，孙清，魏红宇．我国沿海地区人口发展预测［J］．海洋开发与管理，2000（3）．

37. 栾维新，阿东．中国海洋功能区划的基本方案［J］．人文地理，2002（3）．

38. 麦贤杰，乔俊果．我国海洋捕捞渔民转产转业的经济学分析［J］．中国渔业经济，2006（4）．

39. 孟小光．收入差距与社会公平的对策思考［J］．吉林省社会主义学院学报，2007（1）．

40. 慕永通，马林娜．个别可转让配额理论的起源与发展［J］．中国海洋大学学报（社会科学版），2004（1）．

41. 慕永通．个别可转让配额理论的作用机理与制度优势研究［J］．中国海洋大学学报（社会科学版），2004（2）．

42. 慕永通．市场理性、产权与海洋生物资源管理——兼析美国北太平洋渔业私有化之逻辑［J］．中国海洋大学学报（社会科学版），2004（6）．

43. 宁波市海洋与渔业局课题组．关于宁波海洋捕捞业转产转业的思考［J］．中国渔业经济，2002（2）．

44. 潘捷军．长三角经济研究综述［J］．上海经济，2003（7/8）．

45. 庞玉珍．海洋社会学：海洋问题的社会学阐释［J］．中国海洋大学学报（社会科学版），2004（6）．

46. 饶南湖．区域产业竞争力形成机理研究综述［J］．思想战线，2008（3）．

47. 沙文钰．海洋环境预报现状和面临的挑战［J］．气象水文装备，2006（5）．

48. 石忆邵．沪苏浙经济发展的趋异性特征及区域经济一体化［J］．中国工业经济，2002（9）．

49. 宋建军．21世纪初沿海地区经济发展前瞻［J］．宏观经济研究，2002（8）．

50. 宋立清．我国沿海渔民转产转业问题的成因分析［J］．中国渔业经济，2005（5）．

51. 苏永华，杨松．我国渔业管理引进TAC、ITQ制度的思考［J］．中国渔业经济，2004（6）．

52. 宿鹏．山东半岛城市群与珠三角、长三角城市群发展之比较［J］．山东社会科学，2004（2）．

53. 唐议，刘金红．我国渔民经济收入现状分析［J］．上海水产大学学报，2007（3）．

54. 汪小宁．论小城镇建设的意义［J］．理论界，2007（1）．

55. 王放．论中国城市规模分布的区域差异［J］．人口与经济，2001（4）．

56. 王淼，等．我国海洋环境污染的现状、成因与治理［J］．中国海洋大学学报（社会科学版），2006（5）．

57. 王琪，等．海洋环境管理中的政府行为分析［J］．海洋通报，2002（6）．

58. 王梦奎．关于统筹城乡发展和统筹区域发展［J］．管理世界，2004（4）．

59. 汪长江．沿海地区经济结构对经济水平影响的分析［J］．经济社会体制比较，2007（2）．

60. 汪世银，李长咏．区域产业结构调整与主导产业选择［J］．理论前沿，2003（12）．

61. 吴树敬，等．浅析捕捞渔民转产转业的难点及对策［J］．渔业经济研究，2006（6）．

62. 武玉国．我国海洋资源与环境及其可持续发展问题刍议［J］．烟台师范学院学报（哲学社会科学版），2005（4）．

63. 向友权．我国海洋环境保护面临的问题与对策［J］．中国科技论坛，1998（5）．

64. 辛岩．美国科学家证实赤潮海藻产毒理论［J］．大众科技报环球科技版，2007-09-06．

65. 许抄军，罗能生．中国的城市化与人口迁移——2000年以来的实证研究［J］．统计研究，2008（2）．

66. 杨国祥．渔民"失海"问题调查及对策［J］．中国水产，2006（1）．

67. 杨国桢．论海洋人文社会科学的概念磨合［J］．厦门大学学报（哲学社会科学版），2000（1）．

68. 杨国桢．人海和谐：新海洋观与 21 世纪的社会发展［J］．厦门大学学报（哲学社会科学版），2005（3）．

69. 杨谨．赤潮灾害应如何防来如何挡［J］．海洋开发与管理，2006（5）．

70. 杨瑾．浅议山东渔业资源可持续利用的开发与管理［J］．海洋开发与管理，2007（3）．

71. 杨黎明．绍兴海洋捕捞渔民转产转业调查与研究［J］．中国渔业经济，2005（2）．

72. 杨林，等．海洋资源可持续开发利用对策研究［J］．海洋开发与管理，2007（3）．

73. 杨宁生．世界渔业发展的趋势［J］．中国渔业经济，2001（1）．

74. 杨子江．论促进我国沿海渔民转产转业的政策框架［J］．中国渔业经济，2002（5）．

75. 杨上广，吴柏均．区域经济发展与空间格局变化［J］．世界经济文汇，2007（1）．

76. 严汉平，白永秀．我国区域协调发展的困境和路径［J］．经济学家，2007（5）．

77. 易志云，胡建新．我国沿海港口城市的结构分析及发展走势［J］．天津商学院学报，2000（5）．

78. 余丹林，毛汉英．中国沿海地区经济发展态势及发展对策［J］．经济地理，1999，19，（4）．

79. 俞锡棠．恩格尔系数的困惑——舟山渔民返贫现象分析和增收前景探讨［J］．中国渔业经济，2004（4）．

80. 袁建军．谢嘉华海洋生态环境污染研究概况［J］．生物学通报，2001（5）．

81. 张红智，等．我国海洋捕捞能力的管理方法及制度效应［J］．中国渔业经济，2007（2）．

82. 张鸿雁．论城市现代化的动力与标志［J］．社会学，2002（3）．

83. 张国平．对我国城市化进程中两大主题的深度思考［J］．社会科学战线，2008（8）．

84. 张军扩．中国的区域政策和区域发展：回顾与前瞻［J］．理论前沿，2008（14）．

85. 赵海益．我国海洋渔业资源的保护和可持续利用［J］．中国渔业经济，2003（增刊）．

86. 赵淑江，朱爱意．海洋渔业对海洋生态系统的影响［J］．海洋开发与管理，2006（3）．

87. 周春山，王芳，陈洁斌．珠江三角洲发展战略的思考——基于与长三角的比较［J］．城市规划，2006（11）．

三、其他文献

1. 高之国．贯彻"实施海洋开发"战略部署，制定实施《海洋开发战略规划》［C］．海洋开发战略研究．北京：海洋出版社，2004．

2. 丁大同．天津港携手兄弟港合作推进环渤海经济圈［N］．中国水运报，2003 - 07 - 09．

3. 李丰台．大陈海域渔业资源过度衰减［N］．中国渔业报，2006 - 02 - 13．

4. 2005 中国可持续发展战略报告（二）［Z］．中国政协新闻网 http：//cppcc. people. com. cn，2005 - 09 - 01．

5. 杜鹰．率先建设创新型区域，全面提升国际竞争力［Z］．中华人民共和国发展和改革委员会，http：//www. sdpc. gov. cn/gzdt/t20071203_ 176673. htm，2007 - 12 - 01．

6. 福建省建设海峡西岸经济区纲要［Z］．福建新闻网 http：//www. fjcns. com/2007 - 02 - 16/1/9459. shtml，2007 - 02 - 16．

7. 孟华，李煦，李道佳．环渤海地区制造业发展正逢日韩产业转移良机［Z］．新华网，http：//www. tj. xinhuanet. com/ztbd/bohai/3. htm，2008 - 01 - 20．

8. 牛建宏，仇保兴．加强城镇节水监督管理［Z］．水信息网 http：//www. hwcc. com. cn，2005 – 03 – 27.

9. 孙圆圆，孙建璋．苍南县海洋捕捞渔民转产转业的调查［Z］．浙江农业信息网，http：//www. zjagri. gov. cn/html/main/zjModernAgriView/2007051187046. html，2007 – 05 – 11.

10. 陶纪明．什么是"大城市病"？［Z］．新浪网 http：//www. sina. com. cn，2006 – 07 – 28.

11. 魏杰．简论我国城市化战略的新选择［Z］．人民网 http：//theory. people. com. cn/GB/49154/49156/3837346. html，2005 – 11 – 08.

12. 杨金森．2020 年的中国海洋开发［Z］．中国海洋强国论坛，http：//club. xilu. com/chinaocean，2002 – 04 – 18.

13. 杨京英，郑泽香，任晓燕．2006 年长江和珠江三角洲经济发展比较研究［Z］．中国统计信息网，http：//www. stats. gov. cn/tjfx/fxbg/t20061025_ 402360163. htm，2006 – 10 – 26.

14. 有条件地推进城市圈、城市群的发展［Z］．中国城市规划网 http：//www. upla. cn，2007 – 04 – 14.

15. 赵歧阳，贾庆林．集各方面智慧和力量推动北部湾经济区发展［Z］．中国经济网 http：//www. gxce. cn/zjdm/ShowArticle. asp？ArticleID = 21332，2007 – 06 – 05.

16. 中国水利水电科学研究院科学技术委员会．浅论建设节水防污型社会的科学基础［Z］．中国水利国际合作与科技网，http：//www. cws. net. cn，2004 – 04 – 01.

17. 中国渔业协会．现代渔业发展论坛跳出渔业论渔业［Z］．中国渔业政府网 http：//www. cnfm. gov. cn/info/display. asp？sortid = 32&id = 26668，2007 – 11 – 08.

18. 国家统计局历年《中国统计年鉴》．

19. 国家统计局历年《中国城市统计年鉴》．

20. 国家环保总局历年《中国环境统计公报》．

21. 国家海洋局历年《中国海洋灾害公报》．

22. 国家海洋局历年《中国海洋环境质量公报》．

23. 国家海洋局历年《中国海洋经济统计公报》．

24. 国家海洋局历年《中国海洋统计年鉴》．

25. 国家海洋局历年《中国海平面公报》．

26. 中国环保部环境规划院的网站，http：//www. caep. org. cn/uploadfile/greenGDP/gongzhongban 2004. pdf

27. 国家海洋局．2008 年上半年中国海洋经济运行状况报告．国家海洋局网站．

28. 国家海洋局．2007 年上半年海洋经济运行状况报告．国家海洋局网站．

29. 国家环境保护总局．《中国保护海洋环境免受陆源污染工作报告》，UNEP/GPA/2003.

30. 上海华普汽车有限公司与零点研究咨询集团联合编制．《中国城市畅行指数 2006 年度报告》，2006 年 9 月 19 日公布.

31. 习近平：进一步关心海洋认识海洋经略海洋，推动海洋强国建设不断取得新成就，2013 年 7 月 31 日，新华网，http：//news. xinhuanet. com/politics/2013 – 07/31/c_ 116762285. htm.

后　记

美国学者科林·伍达德在周游了世界各国的沿海地带之后，在其《海洋的末日》一书中指出："一个星球至关重要、不可替代、充满生命的部分在我们尚未真正开始了解它之前就已经被破坏。"虽然他的结论可能带有很强烈的个人色彩，但是，他在书中所反映出的严峻的海洋环境问题却是一个不可否认的事实。带着他所给予的那种沉重的心理，我们开展了本书的研究。

作为一个探索性研究的成果，本书的内容相对比较肤浅。更多的内容是为读者展现我国沿海地区的经济社会的发展状况，以及海洋环境的变化与沿海地区经济社会发展的相互关系。"海洋社会"本身还是一个正在讨论的概念，但是，海洋渔村、海洋渔民、海洋渔业、沿海城市，等等，这些具体的社会形态是实实在在地存在着。我们研究的结果也使人感到很沉重，因为就如科林·伍达德所言，人类"尚未真正开始了解"海洋之前就已经破坏它了，我们也认为在我们还没有真正了解"海洋社会"之前，这种社会形态却已经处于崩溃的边缘。尽管如此，作为教育部重大招标项目"中国海洋发展战略研究"的最终成果之一，本书的目的仍然是希望为国家的海洋环境政策、沿海地区的协调发展等提供一些有用的素材。毕竟，追求和谐发展是当今中国社会发展的目标。

本书得以完成，首先要衷心感谢徐祥民教授，是他给了我们这样一个全面介入海洋人文社会科学研究的机会，也是在他的鼓励和支持下，我们才有勇气去进行海洋社会学的探索与研究。

在本书的研究和写作过程中，感谢我们的学生邵丽、赵晓、梁超、崔姣、李清水、王启顺、杨金龙、华南、王冠、林龙燕、刘延利、马芳灵、陈兰、白佳琪等，他们在本书资料的收集整理和文稿的校对等方面付出了许多时间和劳动。

由于理论水平和相关资料所限，本书还有许多不尽如人意的地方，希望各位读者同仁能够给予更多的指正。我们深感在关于海洋的人文社会科学方面的研究还有太多的空白，关于海洋的社会学研究有巨大的发展空间。希望我们的拙作能够起到抛砖引玉的作用，吸引更多的学者参与到这个领域的研究队伍中来。

崔凤　唐国建

2013 年 12 月于青岛